江苏省“十四五”农村水利规划丛书

江苏省大型灌区续建配套与现代化改造规划（2021—2035）

JIANGSU SHENG DAXING GUANQU XUJIAN PEITAO YU XIANDAIHUA GAIZAO GUIHUA

江苏省水利厅◎编著

河海大学出版社
HOHAI UNIVERSITY PRESS
·南京·

图书在版编目(CIP)数据

江苏省大型灌区续建配套与现代化改造规划 ：2021—2035 / 江苏省水利厅编著. -- 南京 ：河海大学出版社，2021.6

(江苏省“十四五”农村水利规划丛书)

ISBN 978-7-5630-7082-4

Ⅰ. ①江… Ⅱ. ①江… Ⅲ. ①灌区一配套设施一建设规划一江苏一2021—2035 Ⅳ. ①S274.2

中国版本图书馆 CIP 数据核字(2021)第 128077 号

书　　名　江苏省大型灌区续建配套与现代化改造规划(2021—2035)
书　　号　ISBN 978-7-5630-7082-4
策划编辑　朱婵玲
责任编辑　张心怡
责任校对　杜文渊
装帧设计　徐娟娟
出版发行　河海大学出版社
地　　址　南京市西康路 1 号(邮编:210098)
电　　话　(025)83737852(总编室)　(025)83722833(营销部)
经　　销　江苏省新华发行集团有限公司
排　　版　南京布克文化发展有限公司
印　　刷　南京工大印务有限公司
开　　本　787 毫米×1092 毫米　1/16
印　　张　10.75
字　　数　192 千字
版　　次　2021 年 6 月第 1 版
印　　次　2021 年 6 月第 1 次印刷
定　　价　65.00 元

《江苏省“十四五”农村水利规划丛书》

编辑委员会

序

江苏地处我国东部，滨江临海，河湖众多，水系发达，是全国唯一拥有大江大河大湖大海的省份。全省平原面积占68.8%，丘陵山区占14.3%，河湖水域占16.9%，素有“水乡”之称。由于河湖众多，治理管理任务重、压力大，又因江、淮、沂、沭、泗诸河约200万平方公里客水过境入海，历史上一直是洪、涝、旱、渍、风、暴、潮灾害频发的多灾之邦，水多、水少、水脏、水浑问题一直伴随着江苏水利发展。

新中国成立以来，江苏开展了大规模的农村水利建设，从治理洪水入手，发展到治涝治旱、防渍降渍、节水灌溉、生态修复；从工程水利到资源水利、生态水利、智慧水利，江苏农村水利经历了从传统水利到现代水利的巨大转变。特别是“十三五”以来，江苏认真贯彻“节水优先、空间均衡、系统治理、两手发力”的新时期治水方针，通过实施农田水利基础设施提档升级，推进现代农业提质增效；坚持城乡供水一体化，提升农村居民饮水质量；综合整治农村水环境，启动生态河道建设，打造美丽宜居水美乡村；全面深化改革，激发内生动力，不断提升农村水利可持续发展能力和水平。全省农业抗灾能力、粮食生产能力、农村供水保障能力和水资源利用效率不断提升，为全省高水平全面建成小康社会，为建设美丽江苏、率先实现社会主义现代化走在前列奠定了坚实基础。

“十四五”时期是开启全面建设社会主义现代化国家新征程的第一个五年，也是全面推进乡村振兴战略、加快农业农村现代化的关键五年，对标高质量发展和水利现代化要求，全省各地农村水利发展不平衡不充分的情况依然存在,建设、改革、发展的任务依然繁重而艰巨。为认真贯彻落实习近平总书记对江苏工作的重要指示要求,深入贯彻党中央国务院及省委省政府决策部署,准确把握"强富美高"新江苏建设总体布局,为科学描绘农村水利现代化发展新蓝图,加快推进江苏农村水利高质量发展,更好地服务乡村振兴战略实施,促进农业农村现代化,江苏省水利厅在系统总结"十三五"全省农村水利建设、改革与发展以及深入分析新形势、新要求的基础上,组织编著了《江苏省"十四五"农村水利规划丛书》,形成"521"规划体系,即5个"十四五"发展专项规划、2个灌区建设中长期规划、1个灌区信息化方案,共8个分册:

《江苏省"十四五"大型灌区续建配套与现代化改造规划》

《江苏省"十四五"中型灌区续建配套与节水改造规划》

《江苏省"十四五"农村供水保障规划》

《江苏省"十四五"农村生态河道建设规划》

《江苏省"十四五"水土保持发展规划》

《江苏省大型灌区续建配套与现代化改造规划(2021—2035)》

《江苏省中型灌区续建配套与现代化改造规划(2021—2035)》

《江苏省智慧大中型灌区软件平台系统实施方案(2021—2023)》

上述规划均经江苏省水利厅审议通过,其中供水保障规划是按水利部统一部署编制的,与生态河道规划一道列入省经济社会发展"十四五"规划之136项专项规划体系。

为加快农村水利发展、服务和支撑乡村振兴,推动农村水利工作走向法治化,2020年,经充分调研、广泛协调,制定了全国第一部地方农村水利法规《江苏省农村水利条例》,并于2021年2月1日正式施行,为全省农村水利提供了坚实的法治保障。为落实好条例精神,经江苏省人民政府同意,江苏省水利、发改、财政、农业农村、自然资源、生态环境、住房建设等七个部门联合出台《关于切实加强农村水利建设与管护工作的意见》,其各项目标与建设任务,均由本丛书作支撑。

本丛书结合新形势、新要求、新规定，构建了与现代农业农村相适应，功能齐全、布局合理的工程保障体系，职责明确、服务到位的运行管护体系以及规范有效、务实管用的行业监管体系，不断提升农村水利服务农村经济社会发展和保障民生的能力，可作为“十四五”时期乃至2035年全省农村水利规划设计、工程建设、运行管理、改革发展的重要依据。

在此开启新征程、迈进“十四五”之际，谨以本丛书向中国共产党建党一百周年献礼！

在丛书编写过程中，主要参编单位江苏省水利厅农村水利与水土保持处、江苏省农村水利科技发展中心、江苏省水土保持生态环境监测总站等单位、部门领导及相关专家给予了关心和支持，河海大学出版社朱婵玲老师在丛书布局、质量把关和编撰进度等多方面给予悉心的指导和帮助，在此一并表示诚挚的感谢。

受作者水平所限，书中不妥或错误之处，敬请广大读者谅解并予以指正。

2021年3月20日

前言

灌区是保障国家粮食安全的重要基础，是推进乡村振兴的主阵地，同时也是生态环境保护、建设美丽乡村、幸福家园的重要区域，灌区现代化是农业农村现代化的重要组成部分。近年来中央一号文件明确要求推进灌区续建配套节水改造与现代化建设。十九届五中全会提出“深入实施藏粮于地、藏粮于技战略，加大农业水利设施建设力度”。根据水利部办公厅、国家发展改革委办公厅《关于开展“十四五”大型灌区续建配套与现代化改造实施方案编制工作的通知》(办农水〔2020〕56 号)有关要求，省水利厅下发《关于做好大型灌区续建配套与现代化改造规划(2021—2035)有关工作的通知》(苏水办农〔2020〕5 号)，布置全省开展大型灌区续建配套与现代化改造规划，并在各灌区规划基础上编制完成《江苏省大型灌区续建配套与现代化改造规划(2021—2035)》(以下简称《规划》)。

1998—2020 年，国家发展改革委、水利部共下达我省 29 处大型灌区、34 批次、312 期投资计划，累计完成投资 85.99 亿元。经过多年的续建配套与节水改造，解决了一系列“病险、卡脖子”等关键问题，形成了较为完善的灌排工程体系，基本达到“灌得上、排得出、降得下”的总体要求，大大提高了灌排效益。然而，受投资限制，对照当前乡村振兴战略、国家粮食安全、生态文明建设和高质量发展的要求，一些灌区仍存在水利基础设施薄弱、供水保障程度不高、生态环境质量较差、现代管理设施不完备、信息化程度不高等问题。现状灌溉保证率约 80%，灌溉水利用系数 0.57，排涝标准为 5～10 年一遇，骨干工程配套率、完好率不足 80%，“两费”落实率 95%。

《规划》确定全省共有大型灌区 34 处，涉及 9 个设区市 26 个县(市、区)，主要分布在长江、京杭运河、苏北灌溉总渠及淮沭河两岸，总灌溉设计面积 1 576.35 万亩，约占全省耕地面积的 23%。《规划》基准年 2019 年，近期水平年 2025 年，远期水平年 2035 年。规划到 2025 年，完成 8 处大型灌区现代化改造，灌溉设计面积 520.22 万亩(占比 1/3)；到 2035 年，完成其余 26 处大型灌区现代化改造，灌溉设计面积 1 056.13 万亩(占比 2/3)。在前期续建配套与节水改造项目的基础上，通过实施“四大体系”(即工程体系、智慧体系、生态体系、管理体系)建设，走节水高效、设施完善、管理科学、生态良好、保障有力的现代化发展道路，努力实现“水美乡村助振兴，现代灌区惠民生”的美好愿景，《规划》的实施将为实施乡村振兴战略和美丽江苏建设奠定坚实基础。

《规划》总投资 212.76 亿元，通过灌排工程设施改造与提升、智慧水管理体系建设、水生态保护和水文化传承、管理改革等项目，重点实施“7536”工程(改建改造渠首 77 座，灌溉渠道 5 235 km，排水沟 3 060 km，配套建筑物 6 052 座)，结合生态河道建设及高标准农田建设，着重实现“5889”目标(到 2025 年，灌区灌溉水利用系数达到 0.59，灌溉设计保证率 85%，信息化覆盖率 80%，骨干渠系工程配套率、完好率 90%)和“6999”目标(到 2035 年，灌区灌溉水利用系数达到 0.62，灌溉设计保证率 90%，信息化覆盖率 90%，骨干渠系工程配套率、完好率 95%)。

江苏高度重视《规划》编制工作，专门成立了规划编制领导小组，由厅农水处全面协调方案编制工作，委托省农发中心承担《规划》编制任务。2019 年 12 月，开展了大型灌区续建配套与节水改造实施效果评估，查找了问题，分析了原因，提出了需求，确定了 8 处灌区编制“十四五”实施方案；2020 年 4 月，布置全省 34 处大型灌区开展续建配套与现代化改造规划(2021—2035)编制工作；5 月，8 处大型灌区编制完成“十四五”实施方案；6 月，省级组织专家审查会，集中时间、逐一开展审查，修改完善后上报水利部、国家发展改革委；在8个大型灌区实施方案基础上编制完成《江苏省"十四五"大型灌区续建配套与现代化改造规划》，于11月通过专家审查；12月，在34处大型灌区规划的基础上编制完成《江苏省大型灌区续建配套与现代化改造规划(2021—2035)》(送审稿)，于12月11日通过专家审查，根据专家意见进一步修改完善形成本《规划》。

目录

0 综合说明

1 基本情况

2 需求分析

3 总体规划

4 工程体系

5 智慧体系

6 生态体系

7 管理体系

8 投资估算

9 实施评价

10 保障措施

附表

后记

0

综合说明

0.1 基本情况

江苏地处长江、淮河流域下游，东濒黄海，西连安徽，北接山东，东南与浙江和上海毗邻，介于东经116°21′～121°56′，北纬30°45′～35°08′之间。江苏既是经济强省，也是农业大省，全省国土面积10.72万km²，耕地面积6 894万亩，高标准农田占比65%，农业综合机械化水平84%，粮食生产全程农机化占比79%。

截至2019年底，江苏省设13个省辖市（行政区划如图0-1所示），下辖96个县（市、区），其中农业县（市、区）75个。全省全年实现GDP 9.96万亿元，一般公共预算收入8 802.4亿元，三次产业增加值比例为4.3∶44.4∶51.3。全省常住人口8 070万人，城镇人口5 698.23万人，城镇化水平70.61%，全省居民人均可支配收入41 400元，城镇和农村可支配收入比为2.25∶1。

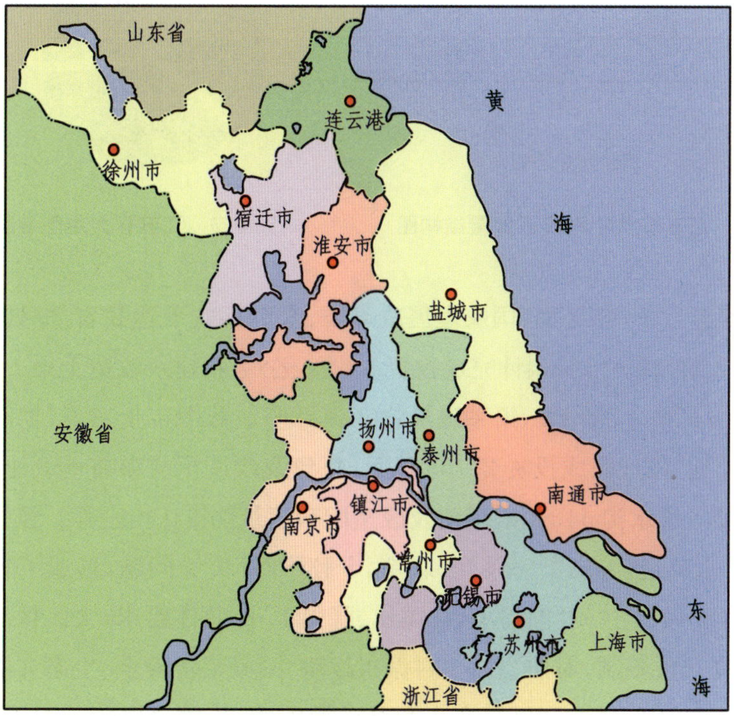

图0-1 江苏省行政区划图

注：1. 本书计算数据或因四舍五入原则，存在微小数值偏差。
2. 本书所使用的市制面积单位“亩”，1亩≈666.7 m²。

江苏省境内河川交错，水网密布，分布着长江、太湖、淮河和沂沭泗四大水系。长江横穿东西 433 km，大运河纵贯南北 718 km，东部海岸线长 957 km，西南部有秦淮河，北部有苏北灌溉总渠、淮河入海水道、新沂河、新沭河、通扬运河等。全国淡水湖排名第三、第四的太湖和洪泽湖，分别位于苏南水乡和苏北平原。

江苏现有大中型灌区 298 处，总设计灌溉面积 4 434.42 万亩，占全省耕地面积的 64%以上。大型灌区 34 处，设计灌溉面积 1 576.35 万亩，其中，30 万～50 万亩 26 处，设计灌溉面积 973.01 万亩；50 万亩以上 8 处，设计灌溉面积 603.34 万亩。按水源类型分，提水灌区 11 处，设计灌溉面积 558.53 万亩；自流灌区 20 处，设计灌溉面积 857.72 万亩；提引结合灌区 3 处，设计灌溉面积 160.10 万亩。

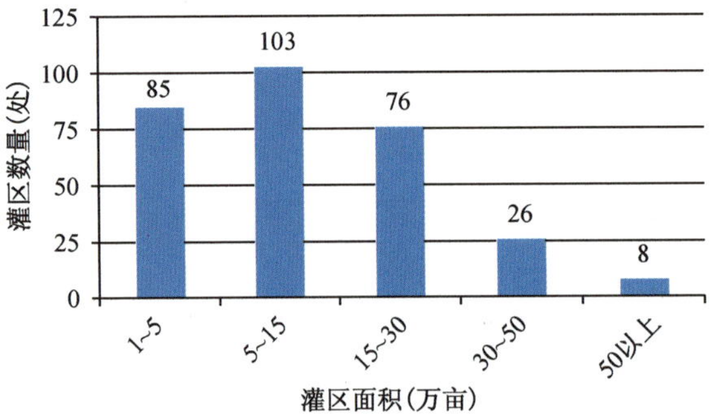

图 0-2　江苏省大中型灌区数量结构图

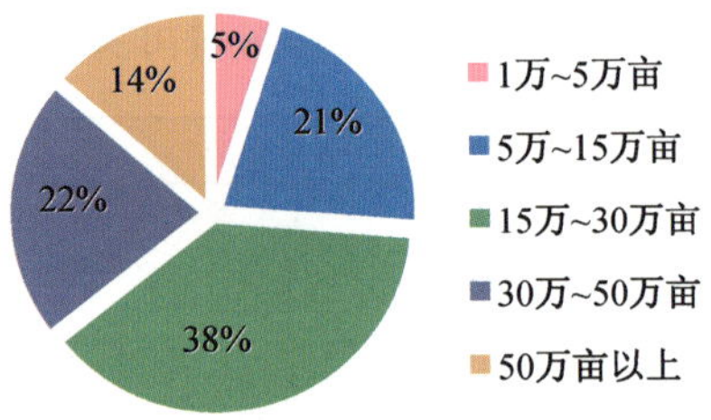

图 0-3　江苏省大中型灌区面积比重图

1998 年至 2020 年年底，国家发展改革委、水利部共下达我省 29 处大型灌区、34 批次、312 期投资计划，累计完成投资 85.99 亿元，新建及改造干渠 1 381 km，支渠 2 984 km，斗渠 4 739 km，渠系建筑物 3.3 万座。其中，“十三五”期间国家下达 55 期投资计划，累计完成投资 23.68 亿元，新建及改造干支渠首 658 座，改造渠道 1 221 km，整治排水沟 440 km，新建及改造配套建筑物 6 038 座等。经过多年的续建配套与节水改造，解决了一系列“病险、卡脖子”等关键问题，形成了较为完善的灌排工程体系，基本达到“灌得上、排得出、降得下”的总体要求，大大提高了灌排效益。然而，受条件限制，对照当前乡村振兴战略、国家粮食安全、生态文明建设和高质量发展的要求，一些灌区仍存在水利基础设施薄弱、供水保障程度不高、生态环境质量较差、现代管理设施不完备、信息化程度不高等问题。全省大型灌区现状灌溉保证率约 80%，灌溉水利用系数 0.57，排涝标准为 5～10 年一遇，骨干工程配套率、完好率不足 80%，“两费”落实率为 100%。

0.2 需求分析

江苏提出“十四五”末，实现农业基本现代化，全域打造“美丽江苏”建设；到2035年，全面建成生态良好、生活宜居、社会文明、绿色发展、文化繁荣的美丽中国江苏典范。灌区作为农业生产活动最为集中的区域，既是农田水利设施最为密集、农业用水保证程度最高、农业产出量最大的区域，也是农业现代化的基础阵地和乡村振兴战略的重要领域。随着农村产业结构的调整和现代农业的发展，灌区水情、工情、农情不断变化，加之原有渠系及建筑物配套不齐、老化失修以及运行管理等问题，灌区工程效益下降，水资源供需矛盾日益加大，水利设施不适应灌区生产的状况日益突出。因此，为改善灌区水利条件，保证灌区安全良性运行，提高水资源利用率，从保障国家粮食安全、建设节水型社会、推进农业现代化、实施乡村振兴等方面看，迫切需要实施大型灌区续建配套与现代化改造。

灌区现代化的基本内涵概括为“节水高效、设施完善、管理科学、生态良好”。灌区现代化是一个逐步发展、不断成熟、全面实现的动态过程，有其鲜明的标志和特征，即工程完善、管理科学、创新驱动、智慧精准、节水高效、生态良好等。在前期续建配套与节水改造的基础上，以骨干工程“补短板、提能力、强生态”为重点，对骨干灌排基础设施进行巩固、提升与生态化改造，灌区管理和生态文明全面深化改革，努力实现“节水高效、设施完善、管理科学、生态良好”的现代化灌区发展与当地社会经济和生态文明建设相协调。按照现有规范规定的灌溉设计保证率、排涝排渍标准、灌溉水质、工程结构可靠度与耐久性等标准要求，实施工程设施达标改造，在此基础上，按照生态文明建设目标要求，开展灌区水生态环境、水文化和景观等建设，到2025年，完成8处大型灌区现代化改造，到2035年全面实现大型灌区现代化。

0.3 总体规划

坚持以习近平新时代中国特色社会主义思想为指导，全面贯彻落实党的十九大和十九届二中、三中、四中、五中全会精神以及习近平“三农”思想和新时期治水方针，紧紧围绕乡村振兴战略和节水行动方案，加快大型灌区续建配套与现代化改造，提高灌区基础设施保障能力，加快推进灌区信息化建设，推动供水服务管理体系建设，创新灌区管理体制机制，科学调配灌溉用水，全面打造“节水高效，设施完善，管理科学，生态良好”的现代灌区，努力把灌区建设成为国家粮食安全的保障区、农民生产生活的幸福区、农村经济发展的核心区，为乡村振兴、农业现代化、生态文明建设提供水利支撑。

《规划》基准年 2019 年，近期水平年 2025 年，远期水平年 2035 年。围绕“以人为本，服务民生；节水优先，高效利用；人水和谐，绿色发展；统筹兼顾，系统治理；深化改革，科学管水；统一规划，分步实施”的基本原则，通过灌排工程设施改造与提升、智慧水管理体系建设、水生态保护和水文化传承、管理改革等项目，结合生态河道建设及高标准农田建设，实现“5889”目标（到 2025 年，灌区灌溉水利用系数达到 0.59，灌溉设计保证率 85%，信息化覆盖率 80%，骨干渠系工程配套率、完好率 90%）和“6999”目标（到 2035 年，灌区灌溉水利用系数达到 0.62，灌溉设计保证率 90%，信息化覆盖率 90%，骨干渠系工程配套率、完好率 95%），将大型灌区建成标准化、规范化、智慧化、节水型、生态型、人文型灌区，使之成为美丽江苏的水生态安全屏障，人民向往的生态宜居之地，河清景秀的幸福家园。

全省争取经过 5 年的努力，到 2025 年，完成大型灌区现代化改造 8 处、总设计灌溉面积 520.22 万亩（占比 1/3）。再经过 10 年的努力，到 2035 年，完成其余 26 处大型灌区现代化改造，设计灌溉面积 1 056.13 万亩（占比 2/3），基本实现与现代农业相适应的现代化灌区目标，基本实现全省大型灌区全面现代化，灌溉排水体系、防灾减灾体系、水资源合理配置和高效利用体系、水资源保护体系、灌区良性发展的制度体系更加完善，现代灌区治理体系基本建成，灌区环境良好、生态系统稳定、农民生活富裕、田园风光优美的灌区可持续发展新格局基本确立。

坚持总量控制，调整用水结构，优化提升灌区“供水、灌溉、排水、净化、航运、休闲、观赏”等功能；推进灌区农业节水，协调城乡用水关系，实现灌区城乡用水统筹发展。依据各区域资源环境承载能力、发展现状和开发潜力，界定区域功能，明确发展方向。做到功能清晰，分工合理，走出一条内涵集约发展的新路子，探索出符合各地实际的灌区建设、运行管理模式，为实现灌区高质量发展奠定坚实基础。

依据《江苏省农业节水规划》《江苏省灌溉发展总体规划》农业分区、灌溉分区，结合灌区分布情况，将全省分为五大分区[①]进行分片规划、综合治理。五大分区主要包括：Ⅰ区—南水北调供水区、Ⅱ区—里下河腹部地区、Ⅲ区—沿海垦区、Ⅳ区—沿江高沙土区、Ⅴ区—宁镇扬山丘区等，以南水北调供水区"基础设施提档升级，灌排标准全面提升"，里下河腹部地区"洪涝旱渍统筹兼顾，灌排沟渠生态良好"，沿海垦区"灌排分开分级控制，洪涝旱碱综合治理"，沿江高沙土区"节水技术大力推广，水土流失有效防治"，宁镇扬山丘区"灌溉水源蓄引提调，种植结构因地制宜"为规划方向，努力实现"水美乡村助振兴，现代灌区惠民生"的美好愿景。

0.4 工程体系

按照江苏省经济社会高质量发展的要求，以提高农业综合生产能力为核心，以保障粮食安全、改善农业生产条件和生态环境为目标，对照现代灌区建设要求，综合考虑灌区水源工程、输水工程、排水工程、建筑物工程、田间工程、配套设施以及信息化系统，进行集中连片建设，构建"河、渠、路、林、村，闸、站、桥、涵、田"统筹规划，"洪、涝、旱、渍、咸"综合治理，大、中、小工程合理配套，"挡、排、引、蓄、控"功能齐全的灌排工程体系。

结合高标准农田建设、生态河道建设、生态清洁小流域建设、土地整理及规模化节水等多源整合，进一步巩固农业水价综合改革成果，提升管理能力、信息化水平，重点突出水源工程、骨干渠系及配套建筑物能力建设，以提高灌溉保证率、灌溉水有效利用系数、排涝标准为目标，全省大型灌区续建配套与现代化改造主要建设内容：水源（渠首工程）改建 41 座、改造 36 座；骨干渠道新建 491 km、改造 4 744 km；骨干排水沟改造 3 060 km；配套建筑物新建 1 562 座、改造 4 490 座；管理设施改造 30 处；信息化改造 34 处；安全设施、环保工程、水土保持工程等。

0.5 智慧体系

结合江苏省灌区现状实际，开展智慧水管理体系（简称智慧体系）建设。围绕灌区主要业务板块，通过完成灌区空间数据收集入库、管理数据收集入库、软件定

---

① 农业分区、灌溉分区均为 6 大分区，其中太湖片区无大中型灌区。

制开发、平台软件运行维护四项任务，实现省水利厅、市县相关部门及灌区管理单位对全省大中型灌区的标准化规范化管理，为切实提高灌区管理工作效率和水平提供技术支持，有效推动全省大中型灌区管理向现代化方向发展。

根据智慧水管理体系建设目标，充分利用现有的硬件设施和技术手段补充灌区信息化建设，逐步建立立体感知体系、智能应用体系、信息服务平台和支撑保障体系，建设灌区信息控制中心，完成灌区信息化各类软件应用和系统建设，在开展测评等级工作的基础上尽早投入使用，发挥管理效益。

0.6　生态体系

坚持节约优先、保护优先、自然恢复为主的方针，以打造美丽乡村为目标，以灌区骨干沟渠生态化改造、农业面源污染防治为重点，协调水资源、水安全、水生态、水环境系统治理，实施灌区水生态保护和修复的工程措施与非工程措施，构筑灌区点线面相结合、全覆盖、多层次、立体化的水生态安全网络，提升水利在推动灌区水生态保护与修复方面的关键支撑作用，推进灌区河流、渠道、沟系休养生息，提升灌区水生态系统质量和稳定性，为满足灌区人民日益增长的对优质水资源、健康水生态、宜居水环境的需求提供水利支撑与保障。

坚持社会主义先进文化前进方向，以满足人民群众精神文化需求为出发点和落脚点，继承和发扬水利文化，为水利事业的现代化建设提供先进的文化支撑。结合灌区水文化特色，建设具有地区特色的水文化展示区域，传扬灌区历史文化，介绍灌区建设历程、工程效益以及特有的民俗文化，宣传节水、爱水、治水、净水的价值观念，打造融休闲、娱乐、文化传播于一体的水文化游赏景区；丰富灌区水利内涵、完善水文化体系，提高人们对于灌区的认识以及地区自豪感，形成人水和谐的生产生活方式。

0.7　管理体系

深化现代灌区管理体制机制、农业水价综合改革措施，构建灌溉优化供配水制度与工程科学调度管护体系，建立完善专管与群管相结合的管理体系，提升科技推广与服务能力，继续开展灌溉水有效利用系数测算分析工作，不断规范和提升现代灌区管理服务水平。

灌区水管体制改革。深化水管体制改革，足额落实灌区“两费”；健全灌区管理制度，建立与管理目标任务相适应的人事制度，严格考评制度；实施用水总量控制和定额管理，实施精准灌溉、精确计量、精细管理；加强灌区队伍建设，按照政治上保证、制度上落实、素质上提高、权益上维护的总体思路全面提升从业人员素质；田间工程加大对村组集体、新型农业经营主体、农民用水合作组织等群管组织的指导，发挥其灌区末级渠系运行管理主体作用。

农业水价综合改革。认真贯彻中央有关决策部署，全面落实水利部有关要求，结合江苏实际，加强组织领导，强化责任担当，夯实工作举措，积极主动作为，有力有序推进农业水价综合改革，取得了积极成效，截至 2020 年 11 月已全面完成省级验收工作。

标准化规范化管理。为全面提升灌区标准化规范化管理水平，保障灌区工程安全运行和持续发挥效益，服务乡村振兴战略和经济社会高质量发展，根据水利部《大中型灌区标准化规范化管理指导意见(试行)》《水利工程管理考核办法》等要求，结合灌区建设管理实际，坚持政府主导、部门协作，落实责任、强化监管，全面规划、稳步推进，统一标准、分级实施的原则有序推进灌区标准化规范化管理。县级水行政主管部门负责灌区标准化规范化管理的组织领导，指导、监督灌区标准化规范化建设与管理工作；制定灌区标准化规范化管理办法，充分反映灌区现代化管理的要求，把灌区标准化规范化管理的好做法、好经验固化下来。

0.8 投资估算

《规划》总投资约为 212.76 亿元，其中 2021—2025 年投资 44.21 亿元，2026—2035 年投资 168.55 亿元。资金筹措上拟由国家和地方共同投资，在中央和省级财政资金到位的基础上，地方积极争取资金来源，保障资金渠道畅通。根据国家和区域经济发展水平与投入能力，分轻重缓急，提出分期实施方案，明确各分项工程投资及投资计划。同时坚持加快工程建设与提高管理水平相结合，灌排工程、智慧水管理、水生态保护相结合，实现建设一片，受益一片。

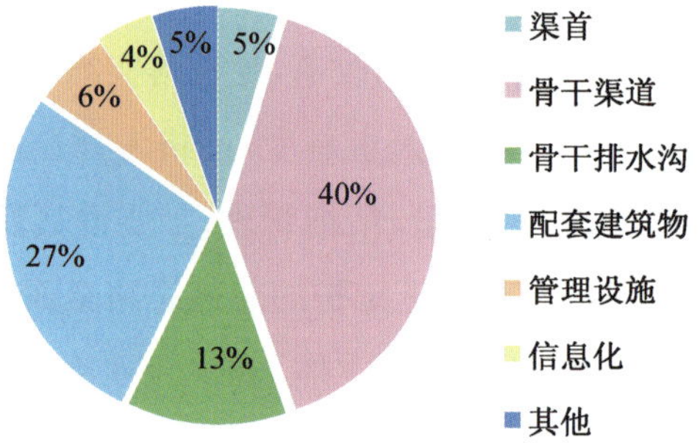

图 0-5　规划投资结构图

0.9　实施评价

《规划》的实施,可全面提升灌区基础设施水平,改善灌区农业生产条件、水资源状况和生态环境,促进农业增产、农民增收,保障国家粮食安全。规划实施后,除个别灌区外,到 2025 年,灌溉保证率达到 85%,灌溉水有效利用系数达到 0.59,排涝标准达到 10 年一遇,骨干工程配套率、完好率达到 90%,"两费"落实率 100%,水费收缴率 100%,信息化覆盖率 80%,新增及恢复灌溉面积 64.02 万亩,年新增节水能力 4.42 亿 m^3,年增粮食生产能力 7.3 亿 kg;到 2035 年,灌溉保证率达到 90%,灌溉水有效利用系数达到 0.62,排涝标准达到 10 年一遇、有条件的灌区达到 20 年一遇,骨干工程配套率、完好率达 95%,"两费"落实率 100%,水费收缴率 100%,信息化覆盖率 90%,累计新增及恢复灌溉面积 120.72 万亩,年新增节水能力 8.28 亿 m^3,年增粮食生产能力 10.4 亿 kg,将有效提高灌溉保证率和灌溉用水效率,增强灌区农业综合生产能力,改善了灌区生态环境,具有显著的社会、经济和生态效益。

1

基本情况

1.1 江苏概况

1.1.1 自然地理

江苏地处长江、淮河流域下游，东濒黄海，西连安徽，北接山东，东南与浙江和上海毗邻，介于东经116°18′～121°57′，北纬30°45′～35°20′之间。国土面积10.72万km^2，耕地面积6 894万亩。

全省地势西北高、东南低。境内平原面积约占68.8%，主要由苏南平原、江淮平原、黄淮平原和东部滨海平原组成，地面高程大部分在5～10 m(废黄河高程系)，地势最高的微山湖湖西地区，在35 m左右，地势低洼的里下河及太湖水网地区，最低在0 m左右；丘陵山地占14.3%，大多为邻省山脉的延伸部分，集中在北部和西南部，主要有云台山脉、老山山脉、宁镇山脉、茅山山脉、宜溧山脉，高程一般在200 m以下；河湖水域占16.9%，素有"水乡"之称，水面所占比例之大，在全国各省(市、自治区)中居首位。

1.1.2 水文气象

江苏省地处亚热带向暖温带过渡区，大致以淮河、苏北灌溉总渠一线为界，以南属亚热带湿润季风气候，以北属暖温带湿润、半湿润季风气候。全省气候温和，雨量适中，四季分明，南北气候差异较大，全省年平均气温13～16 ℃。

全省多年平均降雨量800～1 100 mm，但时空分布不均，全年65%左右的降水量集中在汛期5—9月份。年均降水量在区域分布上自东南向西北递减，其中淮北地区多年平均降雨量850 mm、苏中地区多年平均降雨量950 mm、长江两岸多年平均降雨量1 050 mm，降水量峰值区为宜兴丘陵地带，年均高达1 150 mm。全省自然水体年均蒸发量为950～1 100 mm，陆面蒸发量为600～800 mm，与降雨量相反，自南向北递增。特定的地理位置和气候特点，决定了江苏是一个水旱灾害发生概率极高的省份。

1.1.3 河流水系

江苏滨江临海，河湖众多，水网密布，大部分地区水系发达，其中尤其以长江以南的太湖平原和长江以北的里下河平原为大面积的水网密集地带。全省以仪六丘陵经江都、通扬运河至如泰运河一线为分水岭,分为长江、淮河两大流域。

长江流域境内面积3.86万km^2,分为长江和太湖水系。长江干流自南京新济洲入境,在南通启东圆陀角入海,自西向东横穿江苏,是江苏沿江地区的排水、引水大动脉。太湖承受浙江苕溪和本省南溪来水,该地区是全省人口最密集和经济最发达地区,太湖流域西部为山丘区,中、东部为以太湖为中心的平原水网洼地,境内湖泊密集、水网纵横、相互沟通。

淮河流域境内面积6.86万km^2,分为淮河、沂沭泗两个水系。淮河西起河南桐柏山,经安徽流入我省洪泽湖,再经淮河入江水道排入长江和淮河入海水道、苏北灌溉总渠、废黄河等可直接排水入海。洪泽湖是淮河流域最大的调蓄湖泊,承转淮河上中游15.8万km^2的来水,也是我省苏北地区最大的灌溉水源。沂沭泗水系上游主要来水河道有沂河、沭河、邳苍分洪道及各支河以及南四湖经中运河下泄的洪水,骆马湖、石梁河水库是我省沂沭泗水系的主要调蓄湖泊和水库。

1.1.4 社会经济

江苏省现设13个省辖市、96个县(市、区),其中农业县(市、区)75个,截至2019年年底,全省常住人口8 070万人,城镇人口5 698.23万人,城镇化水平70.61%。全省GDP实现9.96万亿元,人均GDP 12.3万元,居民人均可支配收入41 400元,城镇和农村可支配收入比为2.25∶1。全年完成一般公共预算收入8 802.4亿元,三次产业增加值比例为4.3∶44.4∶51.3。

1.1.5 农业生产

江苏是著名的“鱼米之乡”,农业生产条件得天独厚,农作物、林木、畜禽种类繁多,粮食、油料等农作物几乎遍布全省,种植林果、茶桑、花卉等品种260多个,蔬菜80多个种类、1 000多个品种。2019年,全省农业生产稳中有增,全年粮食总产量达3 660.3万t,比上年增产49.5万t,总产居全国第六位。其中夏粮总产1 326.4万t,秋粮总产2 333.9万t。全年粮食作物播种面积8 213.9万亩,油料种植面积238.6万亩,蔬菜瓜果种植面积2 137.5万亩。

1.2 灌区概况

1.2.1 大中型灌区

江苏现有大中型灌区 298 处，总设计灌溉面积 4 434.42 万亩，占全省耕地面积的 64%以上。其中，大型灌区 34 处，总设计灌溉面积 1 576.35 万亩，主要分布在长江、京杭大运河、苏北灌溉总渠及淮沭河两岸；中型灌区 264 处，设计灌溉面积 2 858.07 万亩。大中型灌区涉及全省 12 个设区市 60 个县(市、区)，具体各市分布情况如表 1-1 所示。按照设计灌溉面积将江苏大中型灌区分为 1 万～5 万亩、5 万～15 万亩、15 万～30 万亩、30 万～50 万亩、50 万亩以上 5 个档次，各档次灌区数量分布如图 1-1 所示，不同档次灌区总设计灌溉面积的比重如图 1-2 所示。

表 1-1 江苏省大中型灌区基本信息汇总表

市别	大型灌区		中型灌区		面积合计(万亩)
	数量(处)	设计灌溉面积(万亩)	数量(处)	设计灌溉面积(万亩)	
南京	1	31.00	38	212.98	243.98
无锡	0	0.00	1	1.6	1.60
徐州	4	167.00	43	654.2	821.20
常州	0	0.00	2	14.83	14.83
南通	1	38.36	24	338.83	377.19
连云港	4	166.68	31	272.27	438.95
淮安	9	391.78	17	191.65	583.43
盐城	5	351.38	40	417.8	769.18
扬州	2	82.36	37	316.91	399.27
镇江	0	0.00	5	42.32	42.32
泰州	1	32.00	8	123.47	155.47
宿迁	7	315.79	14	230.81	546.60
省监狱农场	0	0.00	4	40.4	40.40
合计	34	1 576.35	264	2 858.07	4 434.42

注：江苏 13 个设区市中的苏州市无大中型灌区。

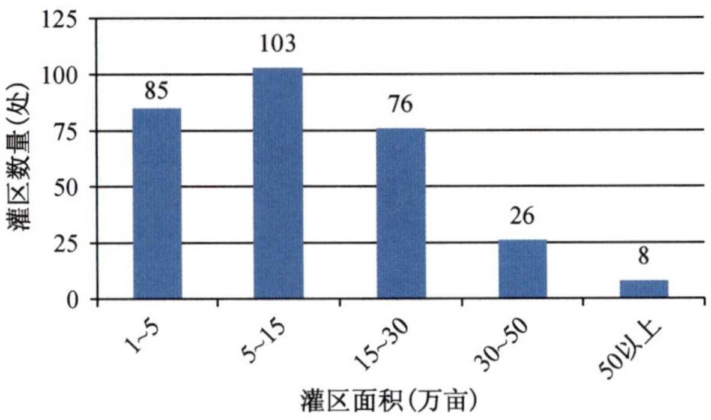

图 1-1　江苏省大中型灌区数量结构图

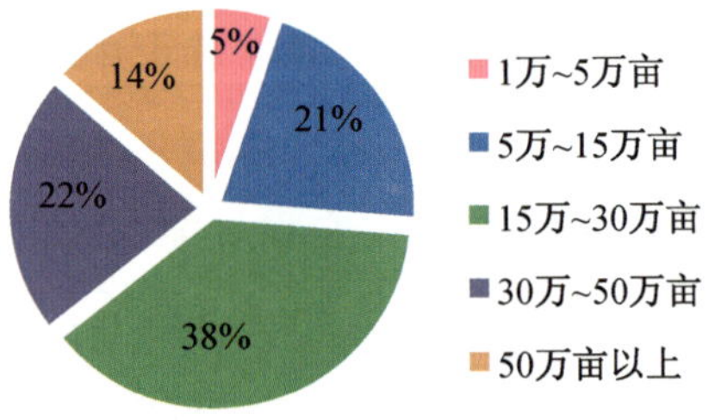

图 1-2　江苏省大中型灌区面积比重图

1.2.2　大型灌区

根据2011年全国第一次水利普查结果，我省共有大型灌区36处，设计灌溉面积1 614.53万亩，有效灌溉面积1 404.04万亩，2011年实际灌溉面积1 171.85万亩。由于土地利用现状、水源和渠系布局发生变化等原因，2020年，由县级水利部门行文，经设区市水利部门审核后，上报省水利厅对4处大型灌区进行调整。其中，江阴白屈港灌区已销号，新沂沂沭灌区、邳州邳城灌区、宿城皂河灌区调整为中型灌区。此外，大丰区江界河灌区由中型灌区调整为大型，并新增泗洪县濉汴河灌区1处大型灌区。

调整后，全省现有大型灌区34处，涉及9个设区市26个县(市、区)①，主要分布在长江、京杭运河、苏北灌溉总渠及淮沭河两岸，总设计灌溉面积1 576.35万亩，约占全省耕地面积的23%；有效灌溉面积1 428.30万亩，占设计灌溉面积的91%，基本信息如表1-2所示。

---

① 江苏省共有13个设区市、75个农业县(市、区)。

表 1-2 江苏省大型灌区基本信息表

单位:万亩

序号	灌区名称	市别	县别	水源类型	设计灌溉面积	有效灌溉面积	"十三五"(打√)
1	淳东灌区	南京	高淳区	提水	31.00	28.80	
2	凌城灌区	徐州	睢宁县	提水	50.10	36.70	
3	新沂沂北灌区	徐州	新沂市	自流	37.00	37.00	
4	刘集灌区	徐州	邳州市	提水	32.80	32.40	
5	运西灌区	徐州	邳州市	提水	47.10	42.00	
6	如海灌区	南通	如皋市	自流	38.36	36.85	√
7	石梁河灌区	连云港	赣榆区	自流	40.58	38.00	√
8	小塔山水库灌区	连云港	赣榆区	自流	30.30	30.30	√
9	沭南灌区	连云港	东海县	自流	48.00	45.90	
10	沭新渠灌区	连云港	东海县	提引	47.80	46.35	
11	淮安渠南灌区	淮安	淮安区	自流	64.00	58.49	√
12	渠北灌区	淮安	淮安区	提引	34.80	32.28	√
13	淮涟灌区	淮安	淮阴/涟水	自流	76.40	68.36	√
14	竹络坝灌区	淮安	淮阴区	提水	32.00	26.00	√
15	涟东灌区	淮安	涟水县	自流	40.00	39.82	
16	涟西灌区	淮安	涟水县	自流	37.00	31.08	√
17	洪金灌区	淮安	洪泽/金湖	自流	35.78	32.60	√
18	周桥灌区	淮安	洪泽区	自流	32.00	31.95	
19	清水坝灌区	淮安	盱眙县	提水	39.80	36.84	√
20	三层灌区	盐城	滨海县	自流	39.70	33.70	√
21	阜宁渠南灌区	盐城	阜宁县	提引	77.50	74.60	√
22	五岸灌区	盐城	射阳县	自流	35.60	35.60	√
23	堤东灌区	盐城	东台市	提水	155.00	122.41	√
24	江界河灌区	盐城	大丰区	提水	43.58	38.93	
25	高邮灌区	扬州	高邮市	自流	52.02	50.46	√

续表

序号	灌区名称	市别	县别	水源类型	设计灌溉面积	有效灌溉面积	“十三五”(打√)
26	沿运灌区	扬州	江都区	自流	30.34	23.47	√
27	城黄灌区	泰州	泰兴市	自流	32.00	30.60	√
28	船行灌区	宿迁	宿城区	提水	32.00	31.40	√
29	来龙灌区	宿迁	宿豫区	提水	43.40	39.30	
30	沭阳沂北灌区	宿迁	沭阳县	自流	46.00	35.49	√
31	柴塘灌区	宿迁	沭阳县	自流	34.60	33.40	√
32	运南灌区	宿迁	泗阳/宿城	提水	51.75	46.12	√
33	众程灌区	宿迁	泗阳县	自流	31.47	30.50	
34	濉汴河灌区	宿迁	泗洪县	自流	76.57	70.60	
合计					1 576.35	1 428.30	

34 处大型灌区中，30 万～50 万亩灌区 26 处，设计灌溉面积 973.01 万亩；50 万亩以上灌区 8 处，设计灌溉面积 603.34 万亩。按水源类型分，提水灌区 11 处，设计灌溉面积 558.53 万亩；自流灌区 20 处，设计灌溉面积 857.72 万亩；提引结合灌区 3 处，设计灌溉面积 160.10 万亩。在全省的位置如图 1-3 所示。

全省 34 处大型灌区现有渠首 101 座，完好 87 座，完好率 86%。骨干渠道总长 12 611 km，衬砌率 38%，完好率 74%。其中干渠 3 833 km，衬砌 1 262 km，完好 2 880 km，完好率 75%；支渠 8 778 km，衬砌 3 464 km，完好 6 434 km，完好率 73%。骨干排水沟总长 14 426 km，完好 11 993 km，完好率 83%。渠系配套建筑物 48 711 座，完好 37 015 座，完好率 76%。现状骨干工程配套率、完好率不足 80%，灌溉设计保证率约 80%，灌溉水有效利用系数 0.57，排涝标准 5～10 年一遇。

目前，大型灌区已建立农民用水者协会等管护组织 855 个，管理面积 1 447.12 万亩。我省大型灌区续建配套与节水改造建设及运行管理绩效考评连续多年被评为优秀，位居全国前列。周桥灌区 2018 年入选全国首批“灌区水效领跑者”，2021 年列入“十四五”规划的 8 处大型灌区均已完成第二批“灌区水效领跑者”申报。

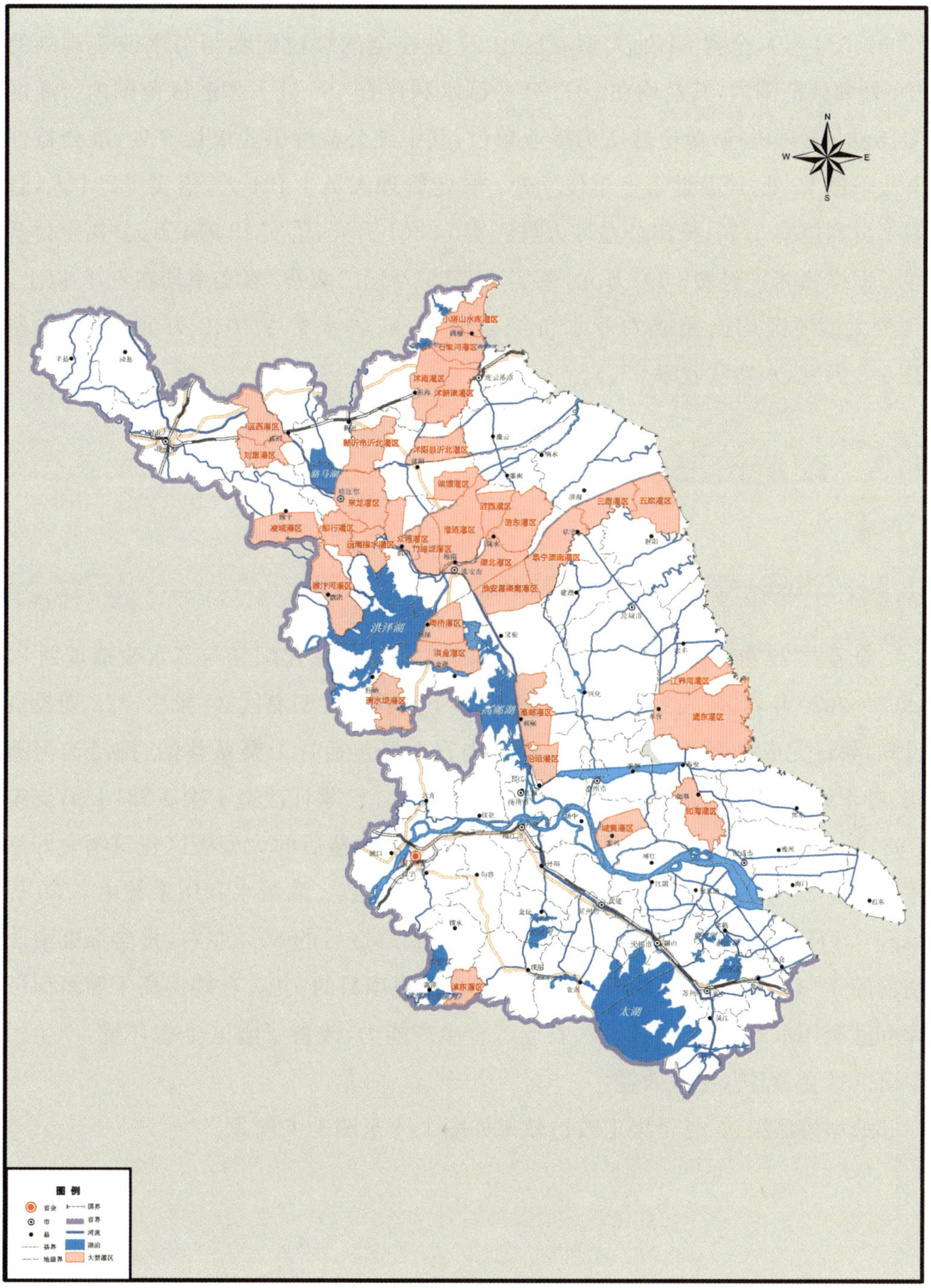

图 1-3　江苏省大型灌区位置示意图

根据《关于全国大型灌区续建配套与节水改造规划报告的批复》(水规计〔2001〕514 号),全省 34 处大型灌区中 27 处在全国续建配套与节水改造规划的 434 处灌区范围内,其余均在 2011 年全国水利普查 456 处大型灌区范围内。灌区均有独立管理机构,单位性质为事业单位,其中纯公益性事业单位 9 处,准公益性事业单位 16 处,经营性事业单位 9 处。核定管理人员 1 424 人,落实 1 231 人,管理人员到位率 87%;核定公益性人员经费 14 361 万元,落实 13 966 万元;核定公益性工程维修养护经费8 891万元,落实 24 769 万元,“两费”落实率均在 95%以上。34 处大型灌区均已完成农业水价综合改革,应收水费 22 012 万元,实收水费 21 583 万元,水费实收率 98%。

1.3 改造情况

1.3.1 1998—2020 年规划实施情况

全省共 29 处大型灌区列入上一轮国家大型灌区续建配套与节水改造规划①。1998—2020 年,国家发展改革委、水利部共下达我省大型灌区 34 批次、312 期投资计划,累计完成投资 85.99 亿元。建设内容主要包括骨干渠系整治、排涝沟河疏浚、骨干建筑物改造、管理设施和信息化建设等。已累计改造干渠 1 381 km,支渠 2 984 km,斗渠 4 739 km,渠系建筑物 3.3 万座。改造后的大型灌区建筑物完好率平均提高 20 个百分点,配套率平均提高 25 个百分点。灌溉水利用系数由 0.50 提高到 0.57,灌溉保证率由改造前的 65%提高到改造后的 80%左右,排涝标准由改造前的 3～5 年一遇提高到 5～10 年一遇。通过项目的实施,有效提高了灌溉保证率和灌溉用水效率,增强了灌区农业综合生产能力,改善了灌区生态环境,产生了显著的社会、经济、生态效益。

典型灌区渠首、骨干渠道改造效果如图 1-4 至图 1-6 所示。

① 29 处大型灌区,江阴白屈港灌区已销号,宿城皂河灌区调整为中型灌区,故现有 27 处仍在全省 34 处大型灌区范围内。

图 1-4 船行灌区渠首改造前后对比图

图 1-5 周桥灌区砚临支渠护砌前后对比图

图 1-6 洪金灌区洪金北干渠改造前后对比图

典型灌区骨干渠(河)道实施生态改造效果如图 1-7 至图 1-10 所示。

图 1-7　周桥灌区浔北干渠

图 1-8　来龙灌区世纪河

图 1-9　涟东灌区总干渠

图 1-10　高邮灌区干渠

1.3.2　改造成效经验

在灌区多年的建设管理过程中，积极探索灌区建设和管理新机制，大力推进灌溉节水化、施工专业化、管护社会化，以现代农村水利设施支撑农业现代化。

一是强化组织，落实责任。为完成灌区年度改造建设任务，省、市、县三级均高度重视，强化组织领导，分层落实责任，形成一级抓一级、层层抓落实的工作格局。成立由政府分管领导担任组长、各相关部门负责人为成员的农村水利建设领导小组，将包括灌区改造在内的农村水利工程作为改善民生“十大工程”之一，纳入年度科学发展目标考核范围，层层分解任务，明确工作职责，强化督查考核，有力地推进了项目的组织实施。

二是典型引路，突出重点。以解决灌区“卡脖子”问题为重点，分清轻重缓急，突出“急难险重”，注重从源头治理，解决灌区水源问题，突出关键节点工程。在加快推进灌区建设中注重整合相关资源，着力打造规模适度、效益突出、群众欢迎的灌区示范工程以及具有较强创新性、能复制、可推广的改革典型。通过示范引导、典型引路，加快推动全省灌区创新发展。

三是生态优先，统筹兼顾。灌区建设过程中，在保障节水、安全、稳定的同时，进一步突出生态性、亲水性和景观性，因地制宜，因渠制宜，点面结合，对漏损严重的输水干线进行生态护砌，对水土流失严重的排水河道进行生态治理，力争河道功能恢复与水环境改善，逐步以植被护坡代替部分混凝土护坡，在渠岸种植乔木、灌木和草本植物，努力实现节水与生态的统筹发展。

四是建立机制，规范管理。在实施续建配套与节水改造工程过程中，执行“四制”管理，规范程序建设，提高了项目建设水平，保障了工程质量，加快了工程进度，规范了资金使用，实现了工程安全、资金安全、干部安全、生产安全。通过多年的项目建设，锻炼了一批具有丰富经验的队伍，培养了一支能战斗能打硬仗的队伍，为新时期灌区建设发展奠定了人才基础。

五是加强管护，保证效益。为保证效益充分发挥，进一步明确管理责任，落实管理主体。依照分级管理原则，重点灌排控制工程由灌区专管机构管理。积极推进用水户协会建设和农业水价综合改革工作，开展小型水利工程管理体制改革，落实灌区大中小工程管理责任，发挥工程综合效益。通过加强灌区工程建后管护，落实管理经费，保证工程安全运行，促进农业生产、农村经济社会稳健发展。

1.4　存在问题

经过多年建设，我省大型灌区基本形成完整、独立的防洪、除涝、灌排格局，为农业生产和农村经济发展提供了重要保障。但是当前仍存在诸多不足，对照现代化灌区还有一定差距。

一是灌排标准有待提高。34 处大型灌区中，列入上一轮改造的 29 处大型灌区设计灌溉面积 1 395 万亩，累计完成投资 85.99 亿元，亩均投资 616 元/亩。虽然规划投资已经完成，但总体投资标准不高，另由于材料价格调整、建设标准提高等因素，部分规划建设内容并未全部完成，同时 7 处大型灌区未实施续建配套与节水改造，即使在大型泵站改造、小农水重点县、千亿斤粮食等项目中争取了部分投资，但仍有面广量大的骨干设施未得到改造。灌区工程普遍存在设施老化、灌排设施配套不全、灌溉保证率标准不高等问题,难以满足现代农业发展要求。目前我省大型灌区灌溉保证率80%左右,骨干渠道衬砌率38%,排涝标准5~10年一遇,而个别灌区如凌城灌区现状灌溉保证率还不足60%,灌溉水利用系数仅0.52,工程配套率、完好率仅50%左右,迫切需要实施续建配套与现代化改造。

二是生态环境有待改善。部分灌区由于投入改造时间已久,如淳东灌区,均于2000—2009年实施,建设标准、建设理念难以满足现代化、生态化灌区要求。长期以来,由于重灌轻排,部分灌区沟塘淤积严重,排水系统不畅,既降低了排水系统的连通性,又减少了雨洪资源的调控能力和区域水环境容量,使得部分地区农业面源污染问题加重。加之不合理的沟渠硬化,灌区水生态环境较差,亟需构建灌区生态屏障体系,实施水生态保护和修复,建设人水和谐、生态自然的美丽灌区。

三是管理机制有待完善。结合水利工程标准化管理要求,我省大型灌区均实施了标准化规范化管理,但受管护经费、管理水平等多方面因素的影响,灌区管理仍然以"靠人力、凭经验"为主,信息化管理手段缺乏。重建轻管现象仍然存在,虽然均落实专门的管理机构、管理人员,核定了管理经费,但目前人员和"两费"均未能足额落实;制定了一系列管理制度和管理办法,但尚未完全落到实处。人员结构不合理,在编人员少且流动性大,中级职称以上人数占比仅19%;50岁以上人数占比50%;大专及以上学历占比不足40%。对照灌区标准化规范化管理要求仍有较大差距。

四是信息化水平有待提升。多年来,灌区改造主要围绕骨干工程除险加固,灌区信息化方面的投入力度明显不足,管理手段和管理模式仍较粗放。灌区管理硬件、软件设施方面总体投入不足,大部分灌区用水计量设施覆盖率低,缺乏自动化、信息化等现代管理手段,主要建筑物监测信息及灌区日常运行等仍为传统人工管理模式,自动监控和综合管理信息平台建设亟需大力推进。对照现代灌区建设标准和高质量发展要求,仍有较大差距,灌区信息化建设和现代化改造需求较为迫切。

2

需求分析

2.1 重要意义

灌区作为农业生产活动最为集中的区域，既是农田水利设施最密集、农业用水保证程度最高、农业产出量最大的区域，也是农业农村现代化的基础阵地，灌区现代化则是农业农村现代化的重要组成部分。近年来中央一号文件明确要求推进大中型灌区续建配套、节水改造与现代化建设，因此，加快大中型灌区现代化改造在新时期国家发展战略中具有重要意义。

一是保障国家粮食安全的重要基础。近年来，习近平总书记多次对粮食安全作出重要指示，明确指出"要把保障粮食安全放在突出位置，毫不放松抓好粮食安全"。"民以食为天，食以粮为先"，粮食安全事关国计民生。连年丰收、自给自足的背后，是我国粮食消费量的增长仍快于产量的提高，粮食生产和消费长期处于"紧平衡"状态，因此必须始终对粮食安全抱有危机意识。面对国家及省对粮食安全的新形势新要求，全面摸清大中型灌区存在的问题和短板，实施大中型灌区续建配套与现代化改造，保障国家粮食安全、促进节水增效十分迫切。

江苏是全国粮食主产区之一，而对于我省来说，承担全省 64%灌溉任务的 298 处大中型灌区是产粮核心区。近年来，我省粮食生产保持连续增长，但各种制约因素和矛盾不断积累并逐步显现，要稳定农业发展，保持我省粮食连年增产的好势头，确保粮食安全，大中型灌区是重要基础，必须坚持不懈地开展大中型灌区现代化建设，在解决矛盾最为集中、问题最为突出、群众最为期盼的问题上下功夫，进一步增强农业抗灾减灾能力和粮食综合生产能力，以大中型灌区服务能力的不断提升保障粮食生产的持续增长。据统计，2018 年全省粮食作物播种面积 8 213.8 万亩，总产量 366.03 亿 kg，单产 446 kg/亩；大中型灌区粮食作物单产约 590 kg/亩，是全省粮食作物单产的 1.3 倍，是全省旱作物单产(348 kg/亩)的 1.7 倍。每年利用大中型灌区灌溉面积生产出全省 75%以上的粮食。已有研究表明，农田灌溉对粮食增产的贡献率约为 56.74%，其中分摊效应为 36.3%，累积效应为 20.4%①。

① 康绍忠. 加快推进灌区现代化改造补齐国家粮食安全短板[J]. 中国水利，2020(9)：1-5.

二是推进农业现代化的重要支撑。党的十九大提出“推动新型工业化、信息化、城镇化、农业农村现代化同步发展”的要求。灌区作为江苏粮食生产和现代农业发展的主力军,其现代化建设,不仅关系到农业农村现代化全局,而且直接关系到乡村振兴战略、美丽江苏建设的实施,无论是人们对更高生存质量的新期待,还是农业向更高层次发展的新要求,都离不开灌区在现代农业体系中无可替代的支撑作用。我省大中型灌区数量众多,但由于长期投入资金偏少,总体上工程标准偏低,配套程度不足,管理粗放、信息化水平低,人才资源缺乏,生态治理理念缺乏,与现代农业发展、乡村振兴战略的要求不相适应,与农业现代化建设的步伐不相协调。必须按照全面、协调、高质量发展的要求,补齐工程短板,加快大中型灌区现代化改造,着力构建标准较高、工程齐全、功能完善、运用灵活的灌排体系,全面建设现代化灌区,为我省农业现代化提供水利支撑。

三是实施乡村振兴的重要抓手。实施灌区现代化改造是改善乡村水环境条件,助力脱贫攻坚,振兴乡村经济,推动城镇进程的迫切需要。2018 年中央一号文件《中共中央国务院关于实施乡村振兴战略的意见》明确要求加快灌区续建配套与现代化改造。为贯彻落实乡村振兴发展战略,水利部提出“加快灌区续建配套和现代化改造,加快补齐农村基础设施短板,推动农村基础设施提档升级”的要求,全面启动灌区规划编制及建设工作。针对灌区基础设施建设的突出问题和软肋,紧紧围绕实施乡村振兴战略的新要求,重点解决工程设施配套、建设标准以及灌排功能整体效益发挥等重点、难点问题,加强重要农产品生产区、现代农业示范园区等节水工程建设,同时充分考虑生态涵养,通过灌区水资源高效利用、灌区水系连通、水生态系统恢复等措施,打造适应环境需求的生态灌区,为实施乡村振兴、生态文明建设和美丽江苏建设助力。

四是贯彻新时期治水方针的重要举措。节水优先是习近平总书记针对我国国情水情,着眼中华民族永续发展提出的根本方针,是解决灌区水资源供需矛盾的必然选择,是解决水短缺、水浪费、水污染的优先选项。灌区建设是节水型社会建设的重要组成部分,加强灌区现代化改造,提高农业用水效率、控制用水总量,从而达到控源减排的效果。从现状总体来看,灌区农业用水量占比大,目前大型灌区用水效率普遍不高,灌溉水有效利用系数仅 0.57,节水潜力仍然很大,必须全面贯彻新时期治水方针,加快推进由粗放型向集约化用水方式转变,提高用水效率,实现以最小的水资源消耗量获取最大的社会经济效益。通过灌区续建配套与现代化改造提高用水效率、控制用水总量，从而减少污水排放量，一方面提高用水效率，达到节约用水；另一方面从源头上控制用水、减少排水，达到控源减排的效果。

五是水利行业强监管的必然要求。实施灌区现代化改造是解决水利行业强监管和灌排工程长效运行问题的必要条件。灌区管理设施不完备，缺少自动化、信息化等现代管理手段；管理队伍不稳，技术力量有待加强，灌区“两费”测算和落实需要进一步完善，运行管理经费仍存在缺口，虽然大型灌区在推行农业水价综合改革及小型水利工程管理体制改革方面取得一定成效，但是农田水利重建轻管的局面尚未得到彻底扭转，一定程度地影响了灌区灌排效益的发挥。从提高灌区灌排保证率、工程安全与建设标准、水资源利用效率等方面看，迫切需要对灌区工程设施体系进行现代化改造、提档升级，保障灌区长效良性发展。

2.2 基本要求

2.2.1 内涵特征

灌区现代化的基本内涵概括为“节水高效、设施完善、管理科学、生态良好”。

（1）节水高效。坚持节水优先、高效利用，以水定需、适水发展，从粗放低效用水向节约高效用水转变，从灌溉供水管理向灌溉用水管理转变。

（2）设施完善。高起点、高标准实施大中型灌区提档升级，结合高标准农田建设，打造标准更高、设施配套、功能完善、运用灵活的灌排工程体系。

（3）管理科学。采用现代管理理念、管理制度、管理方法和管理体制机制改造传统灌区，建立适应现代农业和现代经济发展需求的灌区管理与服务体系。

（4）生态良好。尊重自然、顺应自然、保护自然，大力推进生态文明建设，维系良好水生态和优美水环境，打造河畅、水清、岸绿、景美的生态灌区。

灌区现代化是一个逐步发展、不断成熟、全面实现的动态过程，有其鲜明的标志和特征，即工程完善、管理科学、创新驱动、智慧精准、节水高效、生态良好等。近年来，灌区节水化、生态化、信息化、标准化有序推进，积极改革创新管理体制与运行机制，灌区现代化原则、趋势和理念逐渐趋于明晰，如图 2-1 所示。

灌区现代化建设标准包括灌溉、排水、防洪、除涝、生态、管理等方方面面，其选

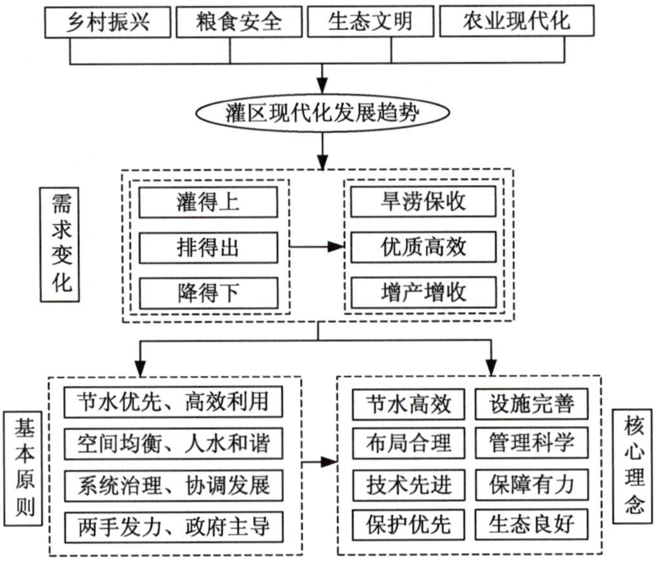

图 2-1　灌区现代化发展趋势

择应与当地自然禀赋和经济社会发展水平相适应,标准过高和过低都不利于水灾害的治理。如果标准过低,现代灌区建设所产生的投入、所建工程与灌区资源、环境和社会需求不匹配,难以发挥应有的作用和效益,造成灌区自然资源的浪费;反之,标准过高,会造成投入过大,效益费用比过小,造成资产浪费。灌区工程效益的发挥离不开灌区自然禀赋和管理运行状况,由于人类活动导致的下垫面条件和水资源自然禀赋的变化,同样的灌区工程所发挥的效益并不相同。因此,在灌区现代化建设中,并不建议过度提高灌区标准,而应选择适当的标准,并通过提高管理服务水平,合理优化水资源配置、产业结构和种植结构,从而提升灌区支撑经济社会发展的能力。

2.2.2　核心要素

灌排设施现代化。以比较完善的现代化灌溉排水工程系统为基础,集约化、高效率地使用水、肥等生产物质投入和农业劳动力投入,从而达到提高农业生产率的目的。

灌排技术现代化。灌区现代化发展过程,实质上是先进科技在灌区广泛应用的过程。新技术、新材料、新能源的出现,将使灌区现状发生巨大的变化。如果离开科技的注入，灌区的现代化就会停滞不前，应广泛采用先进适用的科学技术，提高农产品产量和改善品质、降低生产成本，以适应市场对农产品需求优质化、多样化、标准化的发展趋势。

生产方式现代化。广泛采用机械化、集约化、标准化的生态农业、有机农业、绿色农业等现代绿色高效生产技术和生产模式，实现水、肥、药、土地等农业资源的可持续利用，达到区域生态的良性循环，使灌区成为一个良好的、可循环的生态系统。

管理方式现代化。灌溉排水管理成为公益性与经营性相结合的产业，通过政府行为解决民生问题，通过市场机制配置水资源，建立完善的水权交易市场体系。广泛采用先进的经营方式、管理技术和管理手段，具有很高的组织化程度。有相对稳定、高效的灌溉排水管理队伍，把分散的农民组织起来的组织体系。

劳动技能现代化。从事灌区管理和农业生产或经营的人，应具备现代化水平的文化知识和技能水平。灌区现代化是以人为本的现代化，提高劳动者的文化知识和技能水平，既是灌区现代化的目标，同时也是要实现目标的可靠保证。

投入产出现代化。灌区农业成为一个有较高经济效益和市场竞争力的产业，产品的商品化率高，有完善的农产品现代流通体系，这是灌区现代化的重要标志。现代化灌区应用现代化的管理技术提高灌区管理水平，有效降低劳动强度和万亩灌片的劳动力人数，提高劳动生产率。

2.2.3 实现路径

利用新技术、新工艺、新材料提升和完善水源工程、灌排体系、道路交通、电力等基础设施；在优化水资源配置的同时，推广应用先进、适用的节水灌溉技术提高灌区水资源利用效率；采用现代先进的管理理念和手段进行灌区建设和运行管理，实现灌区的可持续发展；结合江苏省特色田园乡村建设，以人水和谐的理念进行灌区生态化改造；将生产要素配置＋生态景观＋政府主导＋运行管理等进行优化，实现灌区较高的资源利用率、土地产出率、劳动生产率和产品商品率，保障国家粮食安全和生态安全。

2.2.4 基本要求

在前期续建配套与节水改造的基础上，以骨干工程“补短板、提能力、强生态”为重点，对骨干灌排基础设施进行巩固、提升与生态化改造，对灌区管理和生态文明进行全面改革与建设,达到以“节水高效、设施完善、管理科学、生态良好、保障有力”为特征的现代化灌区目标,灌区发展与当地社会经济和生态文明建设相协调。按照现有规范规定的灌溉设计保证率、排涝排渍标准、灌溉水质、工程结构可靠度与耐久性等标准要求,实施工程设施达标改造,在此基础上,按照生态文明建设目标要求,开展灌区水生态环境、水文化和景观等建设,到 2025 年,完成 8 处大型灌区现代化改造,到 2035 年全面实现大型灌区现代化。

2.3 建设需求

随着经济社会的快速发展,大型灌区改造进入了新的重要发展阶段。党的十九大提出了一系列生态文明建设的新理念、新思路、新举措,贯彻习近平总书记“节水优先、空间均衡、系统治理、两手发力”的新时代治水思路,大力推进生态文明建设,是当前水利工作的重点和难点。十九大报告中明确提出加快生态文明体制改革,建设美丽中国,“加快水污染防治,实施流域环境和近岸海域综合治理”“构建生态廊道和生物多样性保护网络,提升生态系统质量和稳定性”“强化湿地保护和恢复”。建设以“设施完善、用水高效、管理科学、生态友好、保障有力”为特征的现代化灌区是灌区发展的必然选择。

(1) 现代化改造需求

结合大型灌区现状设施评估成果,确定现代化改造等级总体为二级、个别具备条件的灌区(如淳东灌区、来龙灌区等)为三级,对渠道、建筑物、信息化等提出了更高的要求。其中渠道过流能力满足设计要求,工程设施完好,达到可靠度和耐久性要求,渠道运维道路通达,量(监)测水设施及安全警示标识标志完善,关键渠段安全防护设施完备,渠道两侧绿化齐全;建筑物工程设施达到可靠度和耐久性要求,关键建筑物安全防护设施完备;在建成信息监测、监视、监控站点及物联网,实现信息管理的基础上,开展智能仿真、诊断、预报和云中心建设,实现辅助决策、自动控制。

全省大型灌区耕地面积 1 691.46 万亩,设计灌溉面积 1 576.35 万亩,现状灌溉保证率约 80%,与保障粮食安全和推进农业农村现代化的要求不适应,尚有较大提升空间;灌区现有干渠完好率约 75%,支渠完好率 72%,骨干工程建筑物配套率、完好率不足 80%,存在机电设备老化、管理房破损、运行工况不良等问题,工程短板突出,骨干渠系水利用系数不超过 0.80,与促进节约用水和节水型社会建设的要求不匹配；灌区内骨干河道虽然水系连通性较好，但由于部分河道淤积严重，存在调蓄能力下降、排涝标准低、水环境质量较差等问题，根据2019年监测数据，部分沟渠水质不达标，与实施乡村振兴、美丽江苏建设对大型灌区的高要求相悖。

(2) 农业节水需求

节约用水是解决新时期水资源开发、配置、保护和治理中存在的问题，实现区域水资源供需平衡，保障地区经济社会可持续发展的手段。从现状水资源开发利用总体来看，大型灌区农业用水量占比大，随着近年来灌区农业综合水价改革工作的推进，农业节水近年来有了较大进步，但灌区续建配套与现代化改造任务还很艰巨，高效节水农业发展仍有待加强。据统计，大型灌区万元GDP用水量仍高于全省水平；农田灌溉水利用系数仅为0.57，灌溉亩均用水量也比江苏平均值高，与国内外先进水平相比还有很大差距。另外，灌区在节水型社会建设中具有重要作用，优化水资源配置格局，着力增强淮河生态经济带水资源水环境承载能力，提高水资源要素与其他经济要素的适配性，加大力度实施大型灌区现代化改造，积极推广高效节水灌溉技术，推广农机农艺相结合的节水措施，提升水资源利用率，实现从输配水到田间的全面节水，以农业水价综合改革试点为契机，实施大型灌区现代化改造，建设节水型灌区，以灌区水效领跑者为引领，助力江苏节水型社会建设。

(3) 生态文明需求

水资源是生态环境的主要控制性因素，水生态文明是生态文明的重要内涵，灌区生态文明是水生态文明的重要组成部分，协同推进人民富裕、国家富强、环境美丽，必须加快推进灌区生态文明建设。长期以来，由于重灌轻排，使得灌区沟塘淤积严重，排水系统不畅，降低了排水系统的连通性，灌区水生态环境较差。必须加强灌区生态文明建设：把节水贯穿于灌区生产生活全过程，以水定产、以水定规模、以水定发展，提高水资源利用效率，从根本上破除水资源短缺瓶颈；注重雨洪资源利用，从源头减少面源输出，着眼于水环境质量总体改善，加强水功能区监督管理，从严核定灌区水域纳污能力；大力实施水生态保护和修复，切实提升河流、湿地等自然生态系统稳定性和生态服务功能，筑牢灌区水生态安全屏障。

(4) 管理改革需求

由于投资限制，部分灌区未列入上一轮改造规划，即使是列入改造的部分灌区，目前仍存在管理设施不完备，缺少自动化、信息化等现代管理手段；管理队伍不稳,技术力量有待加强,灌区"两费"测算和落实需要进一步完善,运行管理经费仍存在缺口,一定程度地影响了灌区灌排效益的发挥。从提高灌区灌排保证率、工程配套与达标、长效运行管护和水生态保护等方面来看,迫切需要对灌区工程设施体系进行现代化改造、提档升级,保障灌区长效良性发展。

3

总体规划

3.1 指导思想

坚持以习近平新时代中国特色社会主义思想为指导，全面贯彻党的十九大和十九届二中、三中、四中、五中全会精神，深入贯彻落实习近平总书记视察江苏时的重要指示，牢固树立生态优先、绿色发展理念，科学把握乡村振兴战略总要求，加快大型灌区续建配套与现代化改造，提高灌区基础设施保障能力，加快推进灌区信息化建设，推动供水服务管理体系建设，创新灌区管理体制机制，科学调配灌溉用水，全面打造“节水高效，设施完善，管理科学，生态良好”的现代灌区，努力把灌区建设成为国家粮食安全的保障区、农民生产生活的幸福区、农村经济发展的核心区，实现“水美乡村助振兴，现代灌区惠民生”的美好愿景，为建设美丽江苏、率先实现社会主义现代化奠定坚实基础。

3.2 基本原则

以人为本，服务民生。加强灌区现代化建设，进一步提高和稳定粮食生产能力，保障粮食安全、促进经济发展、改善人民生活、保护生态与环境，使灌区受益范围内的全体社会成员均可直接地、平等地享有现代化所带来的从生命安全到生活改善、从生态保护到权益保障等实实在在发展的成果，让广大人民群众有更多的获得感。

节水优先，高效利用。把节约用水贯穿于灌区发展和群众生活生产全过程，严格落实用水总量控制和定额管理制度，建设节水型灌区，不断提高用水效率和效益，加快实现从粗放用水向节约、集约用水的根本转变，形成有利于水资源节约利用的空间格局、产业结构、生产方式和消费模式。

人水和谐，绿色发展。坚持以水定产、以水定地，量水而行、因水制宜，强化需水管理，合理控制水资源开发程度，努力维护水系健康，加强水资源安全风险防控和监测预警，实现水资源可持续利用，促进经济社会发展与水资源水环境承载能力相协调。

统筹兼顾，系统治理。树立山水林田湖草是一个生命共同体的思想，以干渠水文边界为单元强化整体保护、系统修复、综合治理，发挥水资源综合利用效益。围绕农业面源污染治理、水生态保护与修复、水文化保护,进一步完善水利基础设施体系,补齐灌区灌排工程系统的短板,统筹协调解决水灾害、水资源、水环境、水生态等问题。

深化改革,科学管水。着力推进灌区改革攻坚,进一步推动灌区发展思路创新、制度创新、科技创新、实践创新,引导全社会积极支持和参与灌区建设与管理。依法加强水资源水环境管控,强化规划对灌区涉水活动的指引约束作用,有效协调涉水者利益,规范水事行为,不断提高灌区工作的科学化、法治化水平,提高灌区社会管理和公共服务水平。广泛采用先进适用的科学技术,提高灌区用水的高效化、便利化,降低生产成本,以适应市场对农产品需求优质化、多样化、标准化的发展趋势。

统一规划,分步实施。科学分析灌区不同发展阶段存在问题和发展需求,提出现代化改造总体目标、布局、标准、任务以及阶段目标。根据经济社会发展水平和灌区自身建设能力,提出实施方案的分年度实施计划。

3.3 规划依据

3.3.1 相关规划

《江苏省乡村振兴战略实施规划(2018—2022年)》

《江苏省国家节水行动实施方案》

《江苏省灌溉发展总体规划》

《江苏省水资源综合规划》

《江苏省高标准农田建设规划》

《江苏省乡村振兴战略农村水利发展规划(2018—2022年)》

《江苏省区域水利治理规划》

《江苏省水利基础设施空间布局规划》

3.3.2 规范标准

《灌溉与排水工程设计标准》(GB 50288—2018)

《灌区改造技术标准》(GB/T 50599—2020)

《农田灌溉水质标准》(GB 5084—2021)

《灌区规划规范》(GB/T 50509—2009)

《节水灌溉工程技术标准》(GB/T 50363—2018)

《渠道防渗衬砌工程技术标准》(GB/T 50600—2020)

《管道输水灌溉工程技术规范》(GB/T 20203—2017)

《江苏省农村水利现代化建设标准(试行)》

《江苏省农村生态河道建设标准》

3.4 规划目标

3.4.1 水平年

《规划》基准年为2019年,近期水平年2025年,远期水平年2035年。

3.4.2 总体目标

对照现代灌区建管要求,通过灌排工程设施改造与提升、智慧水管理体系建设、水生态保护和水文化传承、管理改革等项目,全面打造"节水高效、设施完善、管理科学、生态良好"的现代灌区。

节水高效:灌区水资源配置合理,农业种植结构合理,田间灌溉推广普及节水灌溉技术,节水制度、机制完善,提升灌区供水服务效率和水平。

设施完善:工程布局合理、灌排功能完备;灌溉水源、输配水工程、排水工程、田间工程设施以及管理设施、配套设施齐全、完好、安全、耐久。

管理科学:形成现代管理制度和良性管理机制,实施"总量控制、定额管理",管理手段先进,管理科学高效,水价与水费计收制度合理并公开透明,工程维护与运行管理经费有保障。实现灌区管理规范化、制度化、标准化、科学化;巩固灌区水利工程管理体制改革成果,提升管理队伍建设。

生态良好:以农业生产和人居环境质量为导向,灌排设施与自然环境相协调,发挥灌区改善乡村生活质量、调节气候、维持生物多样性、提供景观服务等多重服务功能。无地下水严重超采,基本无重度次生盐碱化和水土流失等。

3.4.3 具体目标

综合考虑灌区水源工程、输水工程、排水工程、建筑物工程、田间工程、配套设施以及信息化系统建设，合理确定规划目标。具体指标如表 3-1 所示。

表 3-1　大型灌区现代化改造指标体系表

序号	指标	2019 年基期值	2025 年目标值	2035 年目标值	备注
1	用水指标(亿 m^3)	不超取水许可			约束值
2	供水保证率(%)	100	≥100	≥100	约束值
3	灌溉设计保证率(%)	80	85	90	约束值
4	耕地灌溉率(%)	/	占设计灌溉面积的 100%		约束值
5	骨干工程配套率(%)	80	90	95	实施改造的灌区
6	骨干工程完好率(%)	80	90	95	实施改造的灌区
7	灌溉用水斗口计量率(%)	100	100	100	
8	灌溉水利用系数	0.57	0.59	0.62	约束值
9	“两费”落实率(%)	95	100	100	
10	信息化覆盖率(%)	/	80	90	实施改造的灌区

规划全省“十四五”期间实施 8 处大型灌区的改造，其余 26 处大型灌区可通过实施生态河道建设、高标准农田建设等项目，改善灌区骨干工程、田间工程基础设施水平，促进表 3-1 中相关大型灌区现代化指标的提升，从而改善灌区农业生产条件、水资源状况和生态环境，促进农业增产，农民增收，保障粮食生产安全。具体建设内容可参照《江苏省“十四五”生态河道建设规划》《江苏省“十四五”高标准农田建设规划》等相关规划。

3.4.4　阶段目标

到 2025 年，建成一批“节水高效、设施完善、管理科学、生态良好”的现代灌区，完成大型灌区现代化改造 8 处、设计灌溉面积 520.22 万亩，占全省大型灌区设计灌溉面积的 1/3。灌区灌溉水利用系数达到 0.59，灌溉设计保证率 85%，信息化覆盖率 80%，骨干渠系工程配套率、完好率 90%，“两费”落实率 100%。

到 2035 年，基本实现与现代农业相适应的现代化灌区目标，基本实现全省大型灌区全面现代化，灌溉排水体系、防洪抗旱减灾体系、水资源合理配置和高效利用体系、水资源保护体系、灌区良性发展的制度体系更加完善，现代灌区治理体系基本建成，灌区环境良好、生态系统稳定、农民生活富裕、田园风光优美的灌区可持续发展新格局基本确立。灌区灌溉水利用系数达到0.62，灌溉设计保证率90%，信息化覆盖率90%，骨干渠系工程配套率、完好率95%，“两费”落实率100%。

3.5 主要任务

在前期续建配套与节水改造的基础上，坚持问题导向、突出建设重点，用人与自然和谐理念指导灌区建设，用先进技术、工艺和设备打造工程设施，用现代科技引领灌区发展，用现代制度、良性机制强化灌区管理，用科学手段实现水资源优化配置、高效利用、节约保护，建立公平、可靠、灵活的供水服务和有效的防灾减灾体系，不断提高水资源利用效率和农业综合生产能力，为实施乡村振兴战略、美丽江苏建设、高质量发展提供坚实的水利支撑。

一是建设配套完善的农田灌排工程体系。对照现代灌区建设管理要求，综合考虑灌区水源工程、输水工程、排水工程、建筑物工程、田间工程、配套设施以及信息化系统建设，分清轻重缓急，突出“急难险重”。对于未实施续建配套改造的大型灌区，以解决灌区“卡脖子”问题为重点，突出关键节点工程，加快完善灌区基础设施网络，消除灌区运行安全隐患；对于基础条件较好的灌区，以推进续建配套提档升级、增强灌排功能和水资源配置能力为重点，建立配套完善的农田灌排工程体系。

二是建立先进实用的智慧水管理体系。从灌区实际出发，因地制宜、综合施策，按照“先建机制、后建工程”要求，积极改革灌区运行和管理机制，推进灌区标准化规范化管理。对于有一定信息化基础的灌区，依托物联网、大数据、人工智能等现代信息技术，聚焦灌区水源调度、工程运行、智能灌溉、应急处置、便民服务等，构建灌区灌排水系、基础设施体系、管理运行体系三位一体的网络平台，逐步实现“面上工程信息化、骨干工程自动化、灌溉调度科学化”，引领灌区现代化发展。

三是构建人水和谐的水生态文明体系。以良好生态为基础、高质农业为主体、幸福生活为目标，有效解决灌区存在的资源、环境和生态问题，构建产业兴旺、环境优美、生态宜居、资源高效利用和生活富裕的生态型可持续发展灌区。选取典型灌区，试点先行，以骨干沟渠生态保护与修复、农业面源污染控制为抓手，坚持保护优先、自然恢复为主的方针，实施灌区水生态保护修复措施，构筑灌区点线面相结合、全覆盖、多层次、立体化的水生态安全网络，提升水利在推动灌区水生态保护与修复方面的关键支撑作用。

四是打造规范高效的现代化管护体系。建立完善专管与群管相结合的管理体系,不断规范和提升现代灌区管理服务水平。足额落实灌区"两费",满足灌区运行管理和工程维修养护需求;加强灌区队伍建设,组建高效敬业的管理队伍,配备合理的年龄及专业结构,定期开展技术培训,不断提升灌区管理人员的管理水平和技术人员的专业技能;健全灌区管理制度,建立与管理目标任务相适应的人事制度,严格考评制度,按照农业水价综合改革要求,规范水价核定和水费收缴;构建灌溉优化的供配水制度与工程科学调度的运行管理体系,实施用水总量控制和定额管理,实施精准灌溉、精确计量、精细管理。

3.6 总体布局

3.6.1 总体布局

依据《江苏省农业节水规划》《江苏省灌溉发展总体规划》,将全省分为五大分区(如图 3-1)进行分片规划、综合治理。五大分区为:Ⅰ区—南水北调供水区、Ⅱ区—里下河腹部地区、Ⅲ区—沿海垦区、Ⅳ区—沿江高沙土区、Ⅴ区—宁镇扬山丘区等,以南水北调供水区"基础设施提档升级,灌排标准全面提升"、里下河腹部地区"洪涝旱渍统筹兼顾,灌排沟渠生态良好"、沿海垦区"灌排分开分级控制,洪涝旱碱综合治理"、沿江高沙土区"节水技术大力推广,水土流失有效防治"、宁镇扬山丘区"灌溉水源蓄引提调,种植结构因地制宜"为规划方向,努力实现"水美乡村助振兴,现代灌区惠民生"的美好愿景。

坚持总量控制,调整用水结构,优化提升灌区"供水、灌溉、排水、净化、航运、休闲、观赏"等功能;推进灌区农业节水,协调城乡用水关系,实现灌区城乡用水统筹发展。根据区域发展相关规划以及各行业发展的用水需求,结合灌区所在地农业产业发展规划布局,将灌区分为水源保护区、农业高效集约发展区和生态环境改善区等三大区域。依据各区域资源环境承载能力、发展现状和开发潜力,界定区域功能,明确发展方向。做到功能清晰,分工合理,走出一条内涵集约发展的新路子,探索出符合当地实际的灌区建设、运行管理模式,为实现灌区的可持续发展奠定坚实基础。

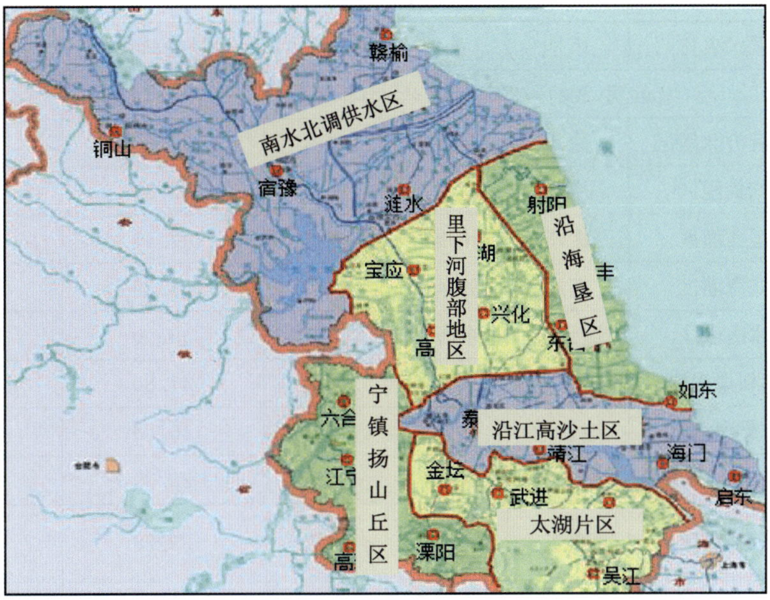

图 3-1 江苏省大型灌区分区布局图

3.6.2 分区治理

按照不同自然地理条件、水文水资源特点实行分区治理，主要分为南水北调供水区、里下河腹部地区、沿海垦区、沿江高沙土区、宁镇扬山丘区。

表 3-2 江苏省大型灌区规划区基本信息

单位:万亩

序号	灌区名称	市别	县别	水源类型	设计灌溉面积	所在分区
一	近期(2021—2025 年)				520.22	
1	淳东灌区	南京	高淳区	提水	31.00	Ⅴ区
2	凌城灌区	徐州	睢宁县	提水	50.10	Ⅰ区
3	淮涟灌区	淮安	淮阴区 涟水县	自流	76.40	Ⅰ区
4	渠北灌区	淮安	淮安区	提引	34.80	Ⅰ区
5	堤东灌区	盐城	东台市	提水	155.00	Ⅲ区
6	渠南灌区	盐城	阜宁县	提引	77.50	Ⅱ区
7	高邮灌区	扬州	高邮市	自流	52.02	Ⅱ区
8	来龙灌区	宿迁	宿豫区	提水	43.40	Ⅰ区

续表

序号	灌区名称	市别	县别	水源类型	设计灌溉面积	所在分区
二	远期(2021—2025 年)				1 056.13	
9	新沂沂北灌区	徐州	新沂市	自流	37.00	Ⅰ区
10	刘集灌区	徐州	邳州市	提水	32.80	Ⅰ区
11	运西灌区	徐州	邳州市	提水	47.10	Ⅰ区
12	如海灌区	南通	如皋市	自流	38.36	Ⅳ区
13	沭南灌区	连云港	东海县	自流	48.00	Ⅰ区
14	沭新渠灌区	连云港	东海县	提引	47.80	Ⅰ区
15	石梁河灌区	连云港	赣榆区	自流	40.58	Ⅰ区
16	小塔山水库灌区	连云港	赣榆区	自流	30.30	Ⅰ区
17	洪金灌区	淮安	洪泽区 金湖县	自流	35.78	Ⅱ区
18	涟东灌区	淮安	涟水县	自流	40.00	Ⅰ区
19	涟西灌区	淮安	涟水县	自流	37.00	Ⅰ区
20	竹络坝灌区	淮安	淮阴区	自流	32.00	Ⅰ区
21	周桥灌区	淮安	洪泽区	自流	32.00	Ⅱ区
22	淮安渠南灌区	淮安	淮安区	自流	64.00	Ⅱ区
23	清水坝灌区	淮安	盱眙县	提水	39.80	Ⅴ区
24	三层灌区	盐城	滨海县	自流	39.70	Ⅲ区
25	五岸灌区	盐城	射阳县	自流	35.60	Ⅲ区
26	沿运灌区	扬州	江都市	自流	30.34	Ⅱ区
27	城黄灌区	泰州	泰兴市	自流	32.00	Ⅳ区
28	柴塘灌区	宿迁	沭阳县	提水	34.60	Ⅰ区
29	沭阳沂北灌区	宿迁	沭阳县	自流	46.00	Ⅰ区
30	船行灌区	宿迁	宿城区	提水	32.00	Ⅰ区
31	运南灌区	宿迁	泗阳县 宿城区	提水	51.75	Ⅰ区
32	众程灌区	宿迁	泗阳县	自流	31.47	Ⅰ区
33	江界河灌区	盐城	大丰区	提水	43.58	Ⅲ区
34	濉汴河灌区	宿迁	泗洪县	自流	76.57	Ⅰ区

1）分区范围

Ⅰ区—南水北调供水区：地处淮河流域下游，南起江都水利枢纽，北与山东省接壤，西与安徽省交界，东南至里下河地区西、北边缘（2.5 m高程线以上），东北部直至黄海之滨，涉及扬州、淮安、宿迁、徐州、连云港、盐城六市，包括绝大部分淮北地区和高宝湖区，以及里下河沿运、沿总渠的2.5 m高程线以上的自流灌溉面积部分。根据引用北调水源情况不同，又分为直接供水区和补给供水区两部分。直接供水区主要分布于大运河沿线两岸和洪泽湖、骆马湖、微山湖周边及引用三湖水源的邻近地区；补给供水区主要分布于徐州市西部和东北部、连云港市的北部、淮安市盱眙等高亢区，以及连云港南部灌云、灌南的低平区。

该分区共有大型灌区20处、设计灌溉面积869.67万亩，占全省大型灌区设计灌溉面积的55.2%。规划近期实施4处、远期实施16处。

Ⅱ区—里下河腹部地区：位于江淮之间，北以灌溉总渠为界，南至通扬运河，西靠丘陵边缘，东至通榆河和串场河。包括建湖、盐都、兴化的全部面积和高邮、宝应、江都、阜宁、东台、楚州、海安、姜堰的部分面积。该区系古海岸的沿岸沙滩沙岗，地势低平，主要特点是地面低洼、河网密布，洪、涝、渍威胁严重。腹部是大面积低洼水网圩区，地势四周高、中间低，地面高程一般1.81 m左右，最高达3.81 m，最低1.31 m。该区地势低洼，怕涝渍。

该分区共有大型灌区6处、设计灌溉面积291.64万亩，占全省大型灌区设计灌溉面积的18.5%。规划近期实施2处、远期实施4处。

Ⅲ区—沿海垦区：东临黄海，西以盐河（新沂河以北）及串场河（新沂河以南）为界，北至赣榆东部一线，南至栟茶河。沙性土质，地势平坦，地面高程在0.81～4.31 m之间，受海潮顶托，地下水矿化度高，缺少淡水冲洗，因此易旱、易渍、易盐。河道出海口易淤塞，排水不畅，引淡路线远，水源尚不充足，建筑物配套率不高。

该分区共有大型灌区4处、设计灌溉面积273.88万亩，占全省大型灌区设计灌溉面积的17.4%。规划近期实施1处、远期实施3处。

Ⅳ区—沿江高沙土区：主要是通南沿江高沙土区，入江水道以东、扬州至海安328国道—如泰运河以南至长江边，涉及扬州、泰州、南通及镇江少部分地区，主要包括江海垦区、沿江圩区、高沙土区等。该区地势宽阔而平坦，系长江冲积物沉积或古沙洲并岸而成，土壤以高沙土为主，高沙土面积占30.6%，主要分布于泰州与南通两市。地面高程1.81～5.81 m左右，地势高低不平，土质沙性大，水土流失相对严重，引水河道常常淤积，农田易旱、易渍、易冲。

该分区共有大型灌区 2 处、设计灌溉面积 70.36 万亩，占全省大型灌区设计灌溉面积的 4.5%。规划远期实施 2 处。

Ⅴ区—宁镇扬山丘区：宁镇扬山丘区位于江苏西南部，分为长江南北两部分，其中，丘陵、岗地面积占总面积的 82.3%。江南主要以宁镇山脉、茅山山脉和溧源山地为骨架，涉及南京、镇江、常州 3 市的土地面积；江北主要以老山山脉、蜀冈余脉，西与安徽交界、东北至高邮湖西、东临扬州市区，涉及南京、扬州、镇江 3 市。宁镇扬山丘区按不同的流域特点又可分为：高宝湖区、仪六区、秦淮河区、固城石臼湖区、太湖西区 5 片。该地区除高宝湖区外，地势较为高亢，灌溉以本地库塘蓄水为主，干旱年份需多级提水提引长江或高邮湖水补充灌溉。

该分区共有大型灌区 2 处、设计灌溉面积 70.80 万亩，占全省大型灌区设计灌溉面积的 4.5%，其中，规划近期实施 1 处、远期实施 1 处。

2）建设重点

根据江苏省自然地理、水资源分布、作物种植结构等特征，各分区紧密围绕提高灌区灌排设计标准和丘陵山区、沿海垦区资源性缺水的重点开展工作。

（1）南水北调供水区

基础设施提档升级，灌排标准全面提升。直接供水区以京杭大运河及沿线调蓄湖泊水源为主，应注重对长江、洪泽湖、骆马湖水资源统一调度、优化配置；补给供水区以拦蓄地方径流，利用回归水、地下水或其他外来水源为主，用水不足部分以北调水源作为补充，应注重地表水、地下水的联合运用；沿线补水供水区的库塘区（主要分布在淮北山丘区），应注重雨水利用，建设与完善蓄、引、提“长藤结瓜”灌溉系统，可发展高效节水灌溉工程，以缓解灌溉水源不足问题。

（2）里下河腹部地区

洪涝旱渍统筹兼顾，灌排沟渠生态良好。以配套完善圩口闸、排涝闸，圩堤达标建设，提高排涝动力、配套排涝泵站，疏浚圩内沟渠为重点。一般年份当地水资源可满足灌溉要求，但干旱年份水量仍然紧缺，农田灌溉得不到保证，沿海垦区土壤次生盐渍化，可着重将小型流动机泵灌区配套改造为固定机电灌区，提高灌溉设计保证率。骨干灌排沟渠结合里下河水系整治与圩区治理，以生态恢复为主，建设生态节水型农业。

（3）沿海垦区

灌排分开分级控制，洪涝旱碱综合治理。沿海垦区干旱年份水量紧缺，应加强农、林、牧业结构和作物种植结构调整，严格控制地下水开采，坚持洪涝旱碱兼治，开挖深沟深河，形成网络，平底河道，分级控制，实行梯级河网化；合理控制沿海挡潮闸，平时关闸蓄淡，涝时开闸排水，提高灌溉水源保证率。同时，开展骨干灌排渠系整治与建筑物配套，发展低压管道输水灌溉工程和其他各类适用的田间节水工程措施。

（4）沿江高沙土区

节水技术大力推广，水土流失有效防治。结合灌区内部河道整治工程，实行河道疏浚与高标准农田建设、土地复垦、小型机电灌区改造相结合，全面推广管道灌溉技术。同时，对高沙土区水土流失相对严重的河段，采用生物措施与工程措施相结合的治理方法进行水土保持建设，在护坡堤岸进行综合整治的基础上，建立乔、灌、草立体配置，网、带、片有机结合的高效生态防护体系。针对该区沟、河、站、涵淤积严重等特点，积极推广泵站进水池防淤、沟河排水防冲、坡面护岸等平原高沙土区水土流失综合防治技术。

（5）宁镇扬山丘区

灌溉水源蓄引提调，种植结构因地制宜。以保护水土资源、改善生态环境、促进农业产业结构调整、推动山丘区经济发展、提高农民生活质量为目标，以水源工程建设为重点。坚持“建塘筑库，以蓄为主，以提补蓄，库塘相连，长藤结瓜，蓄、引、提、调相结合”的原则，以小流域为单元，发展“长藤结瓜”灌溉系统，库塘河湖联合调配，加强蓄水、补水工程配套，提升地表径流拦蓄能力；大力整治库塘、大口井及骨干翻水线，修建机电泵站，提高灌溉保证率；调整种植结构，三级以上提水灌区应降低高耗水作物种植比，因地制宜种植粮、经、林、果、草，积极发展适应于山丘区复杂地形的高效节水灌溉工程，全面提高山丘区特种经济作物产量、品质，促进农业增产、农民增收。

4

工程体系

4.1 建设标准

4.1.1 改造等级

在满足现有规范规定的灌溉设计保证率、排涝排渍与防治土壤次生盐碱化设计标准、灌溉水质、工程结构可靠度与耐久性、冻胀、泥沙处理等标准的基础上，将工程设施现代化改造分 3 个等级确定改造标准和内容。对照灌区现代化改造工程设施体系改造等级（见表 4-1）。

表 4-1 灌区现代化改造（工程设施体系）改造等级

类别	改造等级			备注
	一级	二级	三级	
渠道	过流能力满足设计要求，工程设施完好，渠道一侧运维道路通达，量（监）测水设施及安全警示标识标志完善	在一级基础上，工程设施达到可靠度和耐久性要求，渠道另一侧运维道路也通达，关键渠段安全防护设施完备，渠道两侧绿化齐全	在二级标准的基础上，渠槽满足维养机械通行要求，渠道按生态、景观、水文化等需求建设	土渠（沟）完好指断面规整、渠基渠坡稳定无需整修。衬砌完好指衬砌结构稳定、无隆起、无错位、表面无破摔脱落。耐久性主要符合《水利水电工程合理使用年限及耐久性设计规范》（SL 654—2014）规定
建筑物	满足功能要求，工程设施完好，重要建筑物运维道路通达、管护设施齐全，安全警示标识标志完善	在一级基础上，工程设施达到可靠度和耐久性要求，关键建筑物安全防护设施完备	在二级标准的基础上，结合生态、景观、水文化等需求改造建设	完好指过流能力、结构变形符合设计要求、结构完好无破损、混凝土碳化深度小于钢筋保护层厚度、地基无胀沉、基础无变形。耐久性主要符合《水利水电工程合理使用年限及耐久性设计规范》（SL 654—2014）规定
信息化	基本建成信息监测、监视、监控站点及物联网，实现信息管理	在一级标准的基础上，开展智能仿真、诊断、预报和云中心建设，实现辅助决策、自动控制	在二级标准的基础上，实现更透彻的感知、更广泛的互联互通、智能控制	

一级标准：即现代化改造后达到的最低标准，相当于工程设施评估的 a、b 类标准，工程设施的功能、过流能力达到设计要求，基础、结构稳定，处于完好状态。如

受经济实力限制,工程设施达到此水平,即可认为基本达到现代化标准,但对超过或接近设计使用年限、将对运行产生较大影响的工程设施,自身有实力的灌区,可进行提档升级。

二级标准:在一级标准的基础上,进行达标改造,即工程设施的结构和耐久性达到可靠和合理使用年限,维养道路通达、安全防护设施齐全。适用于评估的c、d类标准,需要改造、拆除重建等工程,一步到位,达此标准;同时也适用于评估处于一级标准的工程的提档升级。

三级标准:在二级标准的基础上,在生态文明建设方面加以提档升级,采取生态工法、生态化配套建设,有利于灌区渠沟河湖水系生态系统的构建。主要适用于经济发达、生态系统脆弱、振兴美丽乡村建设迫切等的灌区,可在一级或二级基础上提档升级。

工程建设应符合灌排工程技术规范相关规定。参考"编制技术指南"附件中的标准要求,说明改造后工程设施可达到的标准等级,其中二级为:骨干工程结构可靠度满足现行标准规定;设计使用年限和耐久性符合《水利水电工程合理使用年限及耐久性设计规范》(SL 654—2014)规定,即3级及以上渠道设计使用年限50年、4级30年、5级20年;3级及以上建筑物50年、3级以下30年。

规划实施后,34处大型灌区改造等级总体上达到二级标准,部分现状基础条件较好的灌区,如高淳区淳东灌区、高邮市高邮灌区、宿豫区来龙灌区等,可结合灌区现状情况和规划投入情况提高至三级标准。

4.1.2 建设标准

根据改造等级要求,结合《江苏省高标准农田建设标准(试行)》和《江苏省农村水利现代化建设标准(试行)》拟定灌区防洪排涝、灌溉水源工程、泵站工程、输配水工程、排水工程、田间工程等建设标准。

(1) 防洪排涝

防洪设计标准达到国家规范,圩区确保中华人民共和国成立以来最大洪水不出险。除涝10～20年一遇设计暴雨,农田雨后1 d排出,镇区骨干河道水位不超过设计控制水位。

(2) 灌溉节水

除个别灌区外,灌溉设计保证率达到85%以上;节水灌溉面积占耕地面积

60%以上;灌溉水利用系数达到 0.59 以上。

(3) 农田降渍

控制农田地下水位在雨后 2～3 d 内降至田面以下 0.8 m,盐碱土地区 1.2 m。

(4) 工程配套

灌排降工程布局合理;工程设施实现达标改造,骨干工程无安全隐患;分水闸、斗门配套齐全,配水口实现有效控制;排水设施健全,涝渍比例明显下降;中沟级以上建筑物配套率 95%,小沟级 90%以上;渠堤道路通达,工程维养交通便捷;配备计量设施,水费结算点实现计量。

(5) 水生态环境

节水减排措施完善,水生态保护有效推进;农村河道建立轮浚和管护机制,水面率保持不下降;水土流失治理面积 90%以上。

(6) 科技推广

推广标准化、系列化配套建筑物,生态河道,节水灌溉,农村水利信息化智能化管理平台等先进适用技术。

(7) 运行管理

工程产权明晰,责任主体明确,长效管理措施及运行经费落实;水价形成机制完善、落地,“两费”落实率 100%,水费实收率 100%;标准化规范化管理扎实推进,用水调度和工程设施管护实现信息化管理;乡镇水利站职责明确,人员经费落实,管理能力和水平适应农村水利发展需要。

4.2 建设任务

按照江苏省高质量发展要求,以提高农业综合生产能力为核心,以保障粮食安全、改善农业生产条件和生态环境为目标,对照现代灌区建设要求,综合考虑灌区水源工程、输水工程、排水工程、建筑物工程、田间工程、配套设施以及信息化系统,进行集中连片建设,构建“沟、渠、路、林、村,闸、站、桥、涵、田”统筹规划,“洪、涝、旱、渍、咸”综合治理,大、中、小工程合理配套,“挡、排、引、蓄、控”功能齐全的工程体系。

4.2.1 改造范围

建设内容包括灌区引水枢纽、拦河闸坝、进水闸、冲沙闸改造建设,灌区大中型灌排泵站改造;灌排骨干工程配套改造,包括渡槽、倒虹吸、隧洞以及渠(沟)道工程等改造,量测水设施,信息化建设,管理设施改造完善等。国家有专项资金安排的水库、河道、堤防的新建、改建、扩建等不能纳入本实施方案。

水源工程:包括灌区主要水源、中间调蓄水池,引水工程,提水泵站、井渠结合灌溉的机井以及多水源联合调度工程。

灌溉工程:①灌区总干渠、干渠(含分干渠)、支渠(含分支渠)及其渠系建筑物(泵站)。②平原地区灌区设计流量为 1 m^3/s(含)以上,或灌溉面积为 1 万亩(含)以上各级(斗渠及以上)固定渠系及建筑物(泵站);山丘区灌区(控制面积 3 000 亩以上)的灌溉干支渠(管)道,骨干渠(管)道上设计流量 0.2 m^3/s 以上(含)的建筑物(泵站)。③根据大型灌区水资源联合调配的要求,灌区内已建中小型囤蓄水库的充蓄渠道,或水库与水库、干(支)渠与干(支)渠的连通工程改造。④对于不满足"第③条"要求,但承担城乡供水任务,涉及跨乡镇的灌溉、供水两用渠道及建筑物。

排水工程:设计流量 3 m^3/s 以上(含)的排水干支沟道,骨干沟道上设计流量 0.5 m^3/s 以上(含)的建筑物(泵站)。

田间工程:骨干工程之外的灌排工程为田间工程,包括输配水的斗渠(含干斗)、农渠(含支农)的渠系及建筑物等,不纳入本次方案,由其他项目实施。

4.2.2 建设内容

注重河湖生态修复,加强河湖空间管控,合理划定河湖管理保护范围,衔接空间规划"三区三线"布局。骨干工程与江苏省水利基础设施空间布局规划、江苏省区域水利治理规划做好衔接。结合高标准农田建设、生态河道建设、生态清洁小流域建设、土地整理及规模化节水等多源整合,重点突出水源工程、骨干渠系及配套建筑物能力建设,以提高灌溉保证率、灌溉水有效利用系数、排涝标准为目标,《规划》建设内容:渠首改建 41 座、改造 36 座;渠道新建 491 km、改造 4 744 km;排水沟改造 3 060 km;配套建筑物新建 1 562 座、改造 4 490 座;管理设施改造 30 处;信息化改造 34 处;安全设施、环保工程、水土保持工程等。不同类型建设内容明细详见表 4-2。

表 4-2 大型灌区规划建设内容统计表

序号	灌区名称	渠首(座)		渠道(km)		排水沟(km)	建筑物(座)		管理设施(处)	信息化(处)
		改建	改造	新建	改造	改造	新建	改造		
合计		41	36	490.9	4 744.2	3 060.2	1 562	4 490	30	34
一	近期(2021—2025 年)	19	17	51.6	1 064.5	718.4	172	635	5	8
1	淳东灌区	2	0	0.0	76.9	3.0	0	57	1	1
2	凌城灌区	1	1	25.4	0.0	23.0	10	52	0	1
3	淮涟灌区	1	0	0.0	112.6	141.2	10	82	1	1
4	渠北灌区	1	4	0.0	108.2	303.0	7	46	1	1
5	阜宁渠南灌区	8	7	0.5	392.4	131.8	109	73	1	1
6	堤东灌区	2	0	25.7	160.3	28.9	11	18	0	1
7	高邮灌区	4	2	0.0	139.7	25.0	3	82	1	1
8	来龙灌区	0	3	0.0	74.4	62.5	22	225	0	1
二	远期(2026—2035 年)	22	19	439.3	3 679.7	2 341.8	1 390	3 855	25	26
9	新沂沂北灌区	0	1	0.0	230.0	264.6	0	253	0	1
10	刘集灌区	0	0	0.0	256.5	0.0	3	133	1	1
11	运西灌区	0	3	10.0	245.9	0.0	80	151	1	1
12	如海灌区	0	0	0.0	456.4	22.2	0	186	1	1
13	石梁河灌区	0	0	92.2	138.2	79.8	187	124	1	1
14	小塔山水库灌区	0	0	62.2	93.4	43.5	140	94	1	1
15	沭南灌区	0	0	62.5	21.3	77.8	78	267	1	1
16	沭新渠灌区	0	0	66.8	11.3	97.6	31	247	1	1
17	淮安渠南灌区	0	0	0.0	212.5	277.1	41	161	1	1
18	竹络坝灌区	0	0	0.0	42.8	185.3	0	28	1	1
19	涟东灌区	0	3	0.0	68.3	183.3	1	45	1	1
20	涟西灌区	0	0	0.0	65.1	67.2	0	53	1	1
21	洪金灌区	0	1	0.0	65.0	109.0	0	201	1	1
22	周桥灌区	0	1	0.0	62.9	79.7	25	124	1	1

续表

序号	灌区名称	渠首(座)		渠道(km)		排水沟(km)	建筑物(座)		管理设施(处)	信息化(处)
		改建	改造	新建	改造	改造	新建	改造		
23	清水坝灌区	2	0	0.0	163.6	44.9	56	287	1	1
24	三层灌区	7	0	0.0	109.6	112.3	269	0	1	1
25	五岸灌区	0	2	79.2	146.0	28.4	4	16	1	1
26	江界河灌区	1	0	46.1	156.0	146.5	296	491	1	1
27	沿运灌区	4	1	0.0	270.0	0.0	50	0	1	1
28	城黄灌区	0	0	0.4	275.7	0.0	0	18	1	1
29	船行灌区	0	2	0.0	48.3	48.5	9	107	1	1
30	沭阳沂北灌区	2	1	0.0	173.0	187.0	0	129	1	1
31	柴塘灌区	0	0	0.0	1.0	0.0	0	13	1	1
32	运南灌区	4	2	0.0	55.0	25.0	0	0	1	1
33	众程灌区	0	2	0.0	75.0	25.0	0	0	1	1
34	濉汴河灌区	2	0	20.0	237.0	237.0	120	727	1	1

4.3 技术措施

根据灌排基础设施逐步向节水化、生态化、自动化、标准化、规范化方向发展的趋势，结合新材料、新工艺、自动化控制以及机械化施工等技术的发展，拟定灌排工程设施建设技术措施。

1）优化设计——提升功能

根据土地利用总体规划的要求，在水资源平衡分析的基础上，重新核定渠道控制面积，复核渠道断面，对输配水工程进行综合规划。在维持灌排设施总体格局的前提下，提升节制闸、退水闸等控制性工程能力，提升运行调度的灵活性，减少低洼易涝地区的洪涝与灌溉退水叠加风险；增设渠旁截污工程，控制沿渠污水入渠；增设防护、绿道设施，降低安全事故风险，增加运动空间。

2）科技引领——新材料新技术

复合防渗土工布适用于沙土区渠道有侧渗或防渗要求较高的工程；新型伸缩

缝止水材料用于现浇混凝土、预制混凝土衬砌渠段，采用新型伸缩缝止水材料焦油塑料胶泥、PVC 防水油膏和以橡胶为主体的低膨胀止水条等材料，取代沥青砂浆、油毡、聚氯乙烯油膏等伸缩材料，提高接缝止水性能；生态混凝土主要用于紧邻村镇，绿化要求高的渠段衬砌。

3）渠道新型断面、结构型式、生态理念

针对骨干渠道现状断面大，在渠道整治中，应因地制宜，选择断面型式、衬砌方式以及生物保护等措施，坚持节水与生态统筹，安全与亲水兼顾。

（1）渠道断面的选择

①矩形断面。该断面型式应用在集镇、村庄段，两侧居民集中，渠道空间狭窄。设计墙体采用混凝土重力墙与空心砖相结合的结构，形成矩形断面，渠底采用黏土夯实，保持水气通透。为保证行人车辆交通安全，直立墙顶部设置栏杆。

②复合断面。对断面较大的支渠，为减少土方回填，可采用复合断面，渠道下部采用混凝土浇筑成梯形，上部岸边砌筑空心砖墙，形成近似矩形。两侧设置 3～5 m 缓坡平台，一般坡比 1∶10，栽植绿化，营造景观，渠堤种植常绿乔灌木，为两侧行人车辆提供安全防护。

③有限衬砌断面。对于断面较小的渠道，主要采用有限衬砌断面，渠床采用间断混凝土护底，岸坡现浇混凝土或连锁块防护。在设计水位以上部分，采用土坡安全超高，种植草皮，岸边种植常绿乔灌木，形成缓冲带，保护行人车辆安全。

（2）护砌方式的选择

①护坡不护底。在渠道护砌中，为了既保持生态平衡，不破坏动物、微生物栖息活动与生存繁衍的空间，又实现高速行水，可采取护坡不护底的方式，即岸坡采用混凝土等材料进行衬砌，渠底采用黏土碾压与夯实，保持水生植物、动物以及微生物的生存环境，有利于保持水体自净能力。

②分段设通道。渠道护砌后，为了渠道维修养护方便，及保障青蛙等两栖动物上下方便，在渠道中分段设立生态型动物逃逸通道，一般每 50 m 设一道，通道宽度为 3～5 m。逃逸通道结构为空心透水砖材料，砌成阶梯式，孔眼垂直向上，眼中填土种草。

4）水源保护措施

傍水而居是灌区居民长久以来的生活习惯，过去没有自来水，居民十分珍爱河渠,视水如命。随着生活条件改善,生活污水增加,对河渠的保护意识淡薄,家家户户的生活污水直排渠道。

(1) 亲水不侵水

在灌区建设中,对所改造的渠道,全面开展清拆活动。主要是对渠道迎水坡的房屋、圈厕、坟庙、摊点等临时与固定设施进行全面清拆。通过清拆,让出空间,既便于渠道施工,又便于景观打造,切实做到居住既能够亲水,水源又不受到侵害。通过清拆活动,还为村镇建设与美化提供了空间,推进了村镇环境的改善。

(2) 污水不入渠

为使渠道水源不受污染,对向渠道直排污水的,采取闭口调向,统一收集,集中处理,达标后排放,一律禁止生活污水直接排放入渠,确保水源卫生洁净,确保生态良性循环。通过调向整治,从根本上解决了生活污水排放入渠的问题,从而保护了水源的生态。

(3) 严管不侵占

渠道改造后,为了防止沿线群众乱堆乱放,侵害水源,在管理中,将堤防的迎水侧划定 5 m 的管理范围,种植绿化植被,在渠道与道路之间形成绿化隔离带,既保护了渠道路道,又保护了行人车辆安全。同时,以水利工程环境的美化,逐步让群众心灵得到感化,激发老百姓爱护渠道、保护环境。

5) 水生态措施

灌区工程除了满足供水、输水、配水基本功能的发挥外,有条件的灌区还要考虑水系、建筑物与周边环境融合,注重景观化建设、水生态保护和修复,骨干河(渠)道实施生态工法综合治理,主要包括工程与生态修复措施的结合,维护生态环境的完整性、生物多样性;维持天然沟渠、地表植被的原始形态;采用利用自然、接近天然的工程方法(布置、型式、结构、材料);开发自然景观潜力,抑洪(峰)扬枯(水);增强灌区除涝及雨洪资源和回归水的利用能力;排水沟应保持自然状态下的生物生长条件,排水沟通过有景观要求的区域,应结合景观、居民亲水要求进行植被搭配和景观设计。在完善灌排基础设施基本功能前提下,骨干渠道增设生态走廊、隔离栏杆,保护渠旁行人、车辆安全。坚持"每搞一座建筑物要成为一个景点,每改一条渠道要成为一道景观"的思路,将骨干渠道、主要建筑物打造成景观型、艺术型、观光型的工程设施,恢复沟渠生物多样性。

(1) 遵循自然的沟渠设计

沟渠整治尽量遵循自然法则，采取多种断面型式和护砌方式，在平面上体现出曲线美，在空间上呈现多层次感，以干支渠、大沟为骨架构建灌区生态通道。沟渠缓坡种植耐水植物，渠堤种植绿化植被，水中配置水生植物，用于防止水土流失，改善生态环境。堤身设计顺其自然，在水不漫堤、确保堤身安全的情况下，做到亲水近水，与建筑小品形成整体景观效应，凸显灌区建设的生态与环境效益，塑造融水乡特色与现代文明气息于一体的水景观。

(2) 尝试主要建筑物的艺术设计

灌区主要建筑物设计融入艺术审美要求，在造型布局上，摒弃水工建筑物传统的“火柴盒”设计，尽量避免平面整齐单一化。在线条选配上，善于应用几何图形，注重运用方圆结合，曲直搭配呈现刚柔并济，方圆结合体现艺术和谐。在色彩搭配上，注重建筑物外观的色彩配置，整体呈现和谐统一的色彩美。

6) 优化配水技术

大型灌区续建配套与现代化改造，在工程设施配套完善的基础上，将上级分配的有限水量进行合理分配，部分灌区采取“引水＋补水”的结合方式(如阜宁渠南灌区、高邮灌区等)，注重灌区优化配水工作制度，形成一套合理调水、按需配水、定时供水、制度节水的灌溉制度和用水管理模式。通过科学划分轮灌组、优化调度、严格管理等措施，满足灌区灌溉用水需求。

结合灌区信息化自动化系统建设，实现水情自动采集、闸(站)远程控制、水量决策调度、信息便捷查询等目标功能，推进灌区优化配水工作制度的执行。开发灌区灌溉调度决策支持系统，根据实时降雨量、水位、闸位、系统控制模式等信息，提供灌溉智能决策。

7) 机械化施工技术

从渠道的开挖、整修到防渗处理，尽可能采用适用性强、造价低，适合灌区条件的工程施工机械。如各类渠道基槽开挖机、混凝土防渗一次成型浇筑机，断面可变式混凝土浇筑机等，使渠系改造向产业化方向发展。

8) 高效节水、化肥农药减量技术

推广农业田间节水技术及高效节水灌溉，包括水稻浅湿灌溉等田间节水灌溉技术，水稻节水育秧、水稻直播与旱种、选育抗旱优良品种等农艺节水技术及其他节水技术。

为了减少施肥施药对农田面源污染产生的影响,应从循环经济理念出发,从养分平衡和施肥(测土施肥、配方施肥、诊断施肥)技术(施肥数量、种类、时间、方式)出发,科学制定环境友好的养分管理技术(农田最佳养分管理措施)。农药使用应遵守《农药合理使用准则》GB/T 8321 的有关规定,并按照农药产品标签和说明书中规定的用途、使用技术与方法等科学施用,根据土壤类型、作物生长特性、生态环境及气候特征,合理选择农药品种,减少农药在土壤中的残留或迁移;推行农药减量增效使用技术、良好农业规范技术等,提高农药施用效率;科学利用生物技术控制农药污染,加快残留农药安全降解。

4.4 水源工程

结合灌区实际情况,拟定灌区水源工程改造原则如下。

(1) 水源工程安全可靠,取水设施健全、性能良好、能正常发挥功能,满足灌区水资源配置和用水调度信息化管理要求。

(2) 干渠水位、渠首引水能力、可供水量不能满足设计要求时,在取水许可总量控制范围内,通过改造或新建水源工程设施、合理分配取水口取水量、多水源联合调度、雨洪资源与非常规水源利用等措施,提高供水能力、改善取水条件、优化水资源配置,提高供水保障程度。

为保障大型灌区灌溉水源,根据水源工程配套与运行实际,规划确定对 23 处(共 34 处)大型灌区中渠首工程进行改造建设,其中改建 41 座、改造 36 座。

4.5 输配水工程

根据各灌区实际条件,充分考虑水土资源变化,对现有灌溉渠系布局、设计流量、设计水位等进行复核,确定改造方案,保证设计输水能力、边坡稳定和水流安全通畅;确保各级渠道之间和渠道各分段之间的水面平顺衔接;复核渠道的纵、横断面,确定改造方案。经统计,规划新建渠道 490.9 km、改造 4 744.2 km,其中新建管道 18.3 km、改造管道 5.5 km。

4.6 排水工程

4.6.1 改造原则

(1) 排水沟工程应符合《灌溉排水工程设计规范》标准要求，纵、横断面应保证设计引、排水能力，正常运行时不应发生冲刷、淤积和边坡坍塌等情况。

(2) 排水沟上必需的桥、涵、闸等建筑物配备基本完善。

(3) 排水沟工程应因地制宜，在满足排涝和安全标准的前提下，兼顾生态与景观，符合生态健康理念，达到利水、亲水、活水、保水目标。

①除排水沟的设计水位高于地面沟段外，排水沟不宜防渗衬砌，应保持自然状态下的生物生长条件；确因减少占地、防坍塌以及其他要求需要固岸护坡时，应采用透水和利于作物生长的固坡设计方式。

②排水沟通过有景观要求的区域，应结合景观、居民亲水要求进行植被搭配和景观设计。

(4) 排水承泄区应满足下列要求：①干沟排水有良好的出流条件；②有足够的承泄能力或滞涝容积；③有稳定的河槽（或湖床）和安全的堤防。

4.6.2 规划内容

根据以上原则，结合灌区的排水任务与目标、地形与水文地质条件，综合考虑投资、占地等因素，科学确定排水沟道（含圩堤）改造方案（疏浚、生态恢复或工程护砌）。经统计，规划改造骨干排水沟工程 3 060.2 km。

4.7 配套建筑物

《规划》34 处大型灌区共新建及改造建筑物 6 052 座，其中新建 1 562 座，改造 4 490 座。

4.8 田间工程

田间工程规划是以彻底改变农业生产条件，建设高产稳产农田适应农业现代化的需要为目标，以健全田间灌排渠系和实现治水改土为主要内容，对水、田、林、路等全面规划和综合治理的一项农田基本建设工程，由农业农村部门通过高标准农田建设项目实施。

4.8.1 建设原则

田间工程主要包括：土地平整、渠系及建筑物工程、路林网工程、节水灌溉工程和技术推广等。通过实施整治田块、建设灌排节水设施、整修田间道路、完善农田防护与生态环境保持体系等措施，重点开展田间“田网”“渠(沟河)网”“路网”“林网”工程，建设田地平整肥沃、灌排设施配套、田间道路通畅、机械操作便利、优质高产高效、生态环境良好的高标准农田。

(1) 田间工程规划必须有利于灌溉、排水和降渍，便于控制地下水位，达到灌要灌得上，灌及时；排要排得走，排得快；降要降得下的要求。

(2) 必须有利于适应农业现代化的需要，有利于从事农事生产活动和农机具田间作业及农产品运输。

(3) 必须经济合理、节省耕地，尽量减少不必要的交叉、节制等配套建筑物。

(4) 田块方整，田面平整，保水、保土、保肥，有利于农业高产稳产。田间工程规划的主要内容有：田间灌排渠系工程布置，即斗渠(沟)、农渠(沟)、道路和建筑物的布置及田块与田间沟道系统布置。

为此，灌区田间工程主要采用灌排相邻布置的形式，明渠、明沟灌排，对斗、农渠首及田间进出水洞进行建筑物节制。

4.8.2 建设内容

结合骨干工程建设，对灌区斗渠以下的田间工程进行配套建设，对田间配套建筑物进行拆改造。

(1) 土地平整

按《高标准农田建设通则》(GB/T 30600—2014)的要求，与土地平整、土壤改

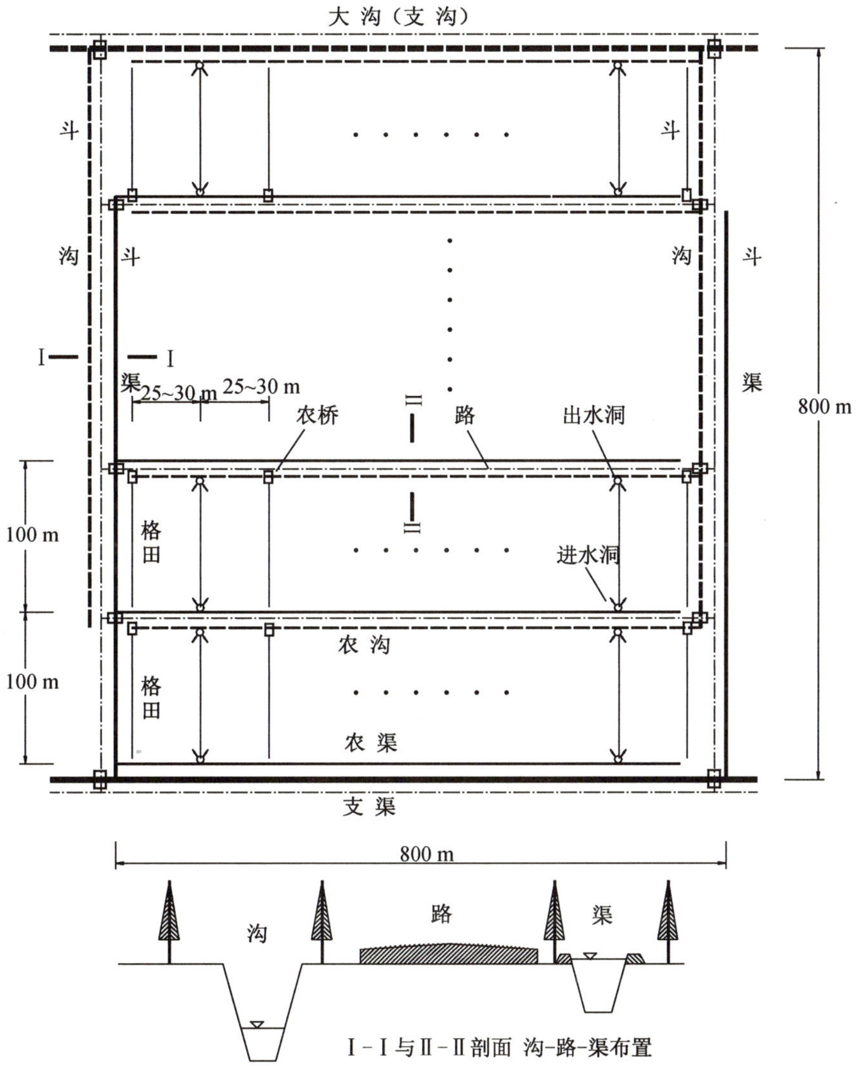

图 4-1 典型田间工程布置模式

良、田间道路、农田防护与生态环境保持、农田输配电以及其他工程统一规划，布局合理，配套齐全。

土地平整的目的是使土地更适宜作物生长发育，方便耕作，便于灌溉和排水，保持水土和保蓄肥力。土地平整方案的确定要从整个项目区的地形、土地利用方式和水土保持角度来综合考虑。因此，土地平整应满足项目区内自流灌溉、自流排水的要求；土地平整应符合水稻、小麦等作物精耕细作的要求。项目区土地平整主要为原有农田的平整改造。

① 田面平整以格田为平整单元,格田内田面高差应在±3 cm之内,尽量做到平整单元之内土方平衡。

② 平整后格田应具有均一的田面坡降,顺灌水方向应控制在小于1/1 000;

③ 耕作层土壤有机质含量每公斤20 g以上,耕作层厚度达到25 cm以上,有效土层厚度应达到50 cm以上。

(2) 渠系及建筑物工程

按照设计定型化、制作工厂化、施工机械化等标准化的要求,田间建筑物应采用标准化、定型化、系列化产品,典型田间工程布置见图4.8-1。建设田间灌溉工程,提高田间渠系的质量水平和使用年限;按排涝、降渍、盐碱化治理要求,完善田间排水系统,根据生态建设需要,建设控制排水及排水再利用设施,提高水利用率,减少面源污染。

(3) 路林网工程

按照农业机械化的要求,优化机耕路、生产路布局,合理确定路网密度,整修和新建机耕路、生产路,配套建设农机下田(地)坡道、桥涵等附属设施,提高农机作业便捷度。

加强农田防护与生态环境保持工程建设。根据防护需要,新建、修复农田防护林网。主要沟渠路两侧适时、适地、适树设置防护林带,应符合《江苏省农田林网建设工程技术标准》。造林当年成活率达到95%以上,三年后保存率达到90%以上,农田防护面积比例不小于90%。

(4) 规整格田

田块总体布置原则:在土地整治的基础上,结合道路工程和灌排工程合理布置田块。根据地形地貌、机械作业效率、灌排效率等因素,合理确定田块的长度和宽度。格田大小、朝向基本一致,标准格田规格:长80~150 m,宽30~40 m。

(5) 节水灌溉工程和技术推广

田间工程应根据灌区总体布局以及灌溉方式的调整情况,采用改进型地面灌溉和高效节水灌溉方式,大力推广水稻节水技术,完善工程配套设施。

4.9 其他工程

主要包括量水设施、管理设施、安全设施等配套工程。根据灌区实际情况,合理提出基于用水管理需求和提高供水服务水平的灌区用水量测方案，配套渠系交通、维护、安全、生产管理等附属设施。

灌区量水是实行计划用水的一项必要工作，可以较准确地控制各渠道的放水流量，避免配水不足或过多现象，减少水量浪费，促进节约用水。利用量水记录，可以分析计算渠道的输水能力和输水损失，为按水量计收水费提供可靠依据。一方面，结合工程改造，配置一体化板闸、明渠超声波流量计、便携式雷达流量计等量水设施；另一方面，积极推广泵站“以时折水”“以电折水”方法，即根据泵站运行日志、泵站提水的耗电量等基础资料，结合泵站设计工况、灌区灌溉面积等，对泵站供水量进行测算。

管理设施包括管理道路、管理用房等设施。安全设施主要指渠道两侧设置的救生踏步、安全警示牌、防护栏杆以及配套建筑物需要设置的防护栏杆和安全井盖等设施。江苏大型灌区河网水系密布，泵站、水闸等工程较多，在灌区改造过程中，应充分认识到安全设施的重要性，在水深流急的地方，在泵站、水闸周边应设置警示牌，必要时应加装防护栏杆。采用工程护岸的河段应设置救生踏步。

5

智慧体系

结合江苏省灌区实际，开展大中型灌区智慧水管理体系建设，编制完成了《江苏省智慧大中型灌区平台软件系统实施方案（2021—2023）》。围绕灌区主要业务板块，通过完成灌区空间数据收集入库、管理数据收集入库、软件定制开发、平台软件运行维护四项任务，实现省水利厅、市县相关部门及灌区管理单位对全省大中型灌区的标准化规范化管理，为切实提高灌区管理工作效率和水平提供技术支持，有效推动全省大中型灌区管理现代化。

5.1 基本条件

1）实践有基础

江苏省智慧大型灌区平台已将全省 34 处大型灌区的灌溉渠系、排水沟系、配套建筑物上图，可在一张图中查看各类水利工程信息和监测监控数据信息，实现对大型灌区测流、灌溉、水费征收、工程巡检、基本情况等方面水情、工情及各类分属不同业务的数据整理、归类、分析，为中型灌区标准化、规范化提供了经验。

2）平台有基础

江苏省智慧大中型灌区平台软件是在江苏省智慧大型灌区平台和江苏省智慧水利云平台的基础上开发建设的。

（1）江苏省智慧大型灌区平台包括灌区可视化集中展示系统、灌区管理一张图系统、灌区信息采集处理系统、灌区量测水管理系统、灌区水费计收管理系统、灌区工程管理系统、灌区水价改革情况管理系统、灌区项目建设情况管理系统、灌区排涝管理系统和移动智能终端系统等。

（2）江苏省智慧水利云平台基于水利专网为各级水利用户提供空间信息服务、属性数据服务和业务功能服务。其中，江苏水利专网按照省、市、县 3 级网络架构，以省厅为中心，连接全省 13 个设区市水利（务）局、8 个厅属工程管理处、13 个市水文局，以及县水利（务）局、灌区管理单位，覆盖面较为完整。

3）灌区有条件

“十三五”期间，江苏完成了 99 个 5 万亩以上的重点中型灌区建设，影响中型灌区运行“卡脖子”问题初步得以解决，灌区工程管理能力、灌排工程配套率、完好率等有了较大提升。各灌区经过多年运行，在输水配水、防洪减灾、水费计收、安全生产等方面具有相适应的管理流程，各灌区管理单位具有了初步的信息化管理经验,信息化管理人员经过一定的培训与练习,可以实现平台软件的正常使用。

5.2 总体设计

1) 基本原则

(1) 需求主导性

针对省、市、县、灌区四级管理部门对中型灌区管理的需要,设计建设符合用户实际需求的平台软件。

(2) 资源共享性

充分利用智慧大型灌区平台的建设成果及智慧水利云平台的信息资源,在保证原系统数据、设备等安全的情况下,利用可用的现有资源,避免重复建设。

(3) 实用与先进性

充分利用成熟、先进的技术,满足各级用户业务管理需要,操作直观、简便。

(4) 开放与拓展性

系统设计与开发遵守国家相关标准,并具有较强的开放性和可拓展性,能够与其他江苏水利信息数据互联、互操作,提供规范化的二次开放框架。

(5) 方便易用性

系统操作简单、易用、直观,操作界面友好,具备灵活方便的展示功能,可以通过丰富的形式展示实时数据、历史数据及趋势,方便对动态图形、报表进行定义和修改,满足不同管理需求,支持个性化用户登录界面,根据不同用户的职能授权操作。

(6) 安全可靠性

信息安全和网络安全满足国家网络安全的相关要求,打造安全可靠的基础软硬件环境。

2) 建设目标

根据灌区现有建设基础和发展要求,制定切实可行的目标。

(1) 基础薄弱型灌区

整合信息化建设成果,完善智慧化基础设施建设,开展水资源保护与利用、工程管理、取用水管理、运行管理和水生态水文化保护等内容的数字化建设,建立数字型灌区;加强不同来源的基础服务信息的互联、互动和挖掘,满足信息化建设的一级要求。

(2) 有一定基础型灌区

依托现代化物联网技术、3S 技术、云技术、大数据技术和软件应用技术，建立较为完善的立体感知体系、自动控制体系、智能应用体系、主动服务体系、支撑保障体系，实现灌区水资源管理、工程管理、取用水管理、运行管理、防灾减灾管理、水生态水文化管理的智能化处理和人工辅助决策，提供特定用户特定信息、被动浏览变主动推送信息、方便交互行业信息、吸引公众主动参与、大数据专业分析的智慧服务，根据灌区自身实力，选择信息化建设二级或三级标准。

3) 总体框架

“江苏省智慧大中型灌区平台”采用“1-2-3-4”的总体架构进行整体建设，即统一平台、两类应用、三化管理、四级用户，如图 5-1 所示。

图 5-1 江苏省智慧大中型灌区平台总体架构图

(1) 统一平台

江苏省智慧大中型灌区平台包括灌区管理一张图系统、灌区管理可视化集中展示系统、灌区业务管理系统、灌区管理移动智能终端系统等四大子系统。通过统一部署、统一整合、统一培训和统一运维实现平台的统一管理。

统一部署。采用集中部署的方式，省、市、县水利主管部门和灌区管理单位通过电脑的浏览器和手机 App 即可访问平台业务应用。

统一整合。对硬件整合，打造标准数据交换系统，规范各项自动化设备的数据整合；对软件整合，打造标准二次开发接口，规范各灌区自建软件系统的整合。

统一培训。对各级用户进行制度化、常态化的培训,统一培训工作大纲、培训材料、操作手册。

统一运维。搭建服务于灌区的运维监控平台,对整个平台的服务器安全、系统数据、软件系统的应用等实行统一运维管理。

(2) 两类应用

电脑平台和手机平台,采用成熟软件的界面设计风格,降低用户陌生感:电脑平台采用 Windows 操作系统的设计风格;手机平台采用微信的设计风格,含监测监控、通讯录、发现、我等四大功能版块。

(3) 三化管理

即工作流程规范化、工作成果标准化、监督管理智能化。

工作流程规范化包括项目管理规范化、工程管理规范化、量水管理规范化和水费管理规范化。

工作成果标准化包括指标信息标准化、台账信息标准化和实时信息标准化。

监督管理智能化包括地图管理综合化、数据分析可视化和业务管理移动化。

(4) 四级用户

平台按省、市、县、灌区四级模式进行用户管理,用户权限分为功能权限和行政权限。

功能权限:根据省、市、县、灌区不同人员工作的关注内容不同,可分配给用户不同的功能权限。

行政权限:省、市、县、灌区各级用户只能使用和查看本级单位、下级单位,以及管理范围内的功能信息。

4) 主要任务

根据智慧水管理体系建设目标,充分利用现有的硬件设施和技术手段补充灌区信息化建设,逐步建立立体感知体系、智能应用体系、信息服务平台和支撑保障体系,建设灌区信息控制中心,完成灌区信息化各类软件应用和系统建设,在开展测评等级工作的基础上尽早投入使用,发挥管理效益。

立体感知体系。采集智慧水管理体系所需的各种信息,并进行信息融合。采用多样化的监测手段,自动采集与人工采集相结合,直接监测与相关行业来源间接监测相结合,常规监测与应急监测相结合。针对不同管理对象,监测、采集不同的数据内容。

智能应用体系。根据水管理业务需要，完成灌区立体感知监测和灌区管理的应用集合，并利用智能终端与互联网相结合的方法，构建灌溉、排水、供水、防洪、水资源管理以及田间高效用水等自动处理、智能控制的应用体系。

信息服务平台。根据立体感知系统整合的数据，建立信息服务平台，为灌区管理部门、服务部门及用水用户提供不同的信息、预测、决策等服务的信息服务平台。

支撑保障体系。建设灌区信息控制中心，将灌区信息服务平台、灌区立体感知监测中心和灌区智能控制中心集中在一起，健全数据存储，实现智慧灌排。

5.3 立体感知体系

在现有信息采集站点的基础上，结合渠道及配套建筑物拆建和改造，进一步完善信息采集要素种类，规范信息采集标准和流程，加强现有采集点的升级改造与自动采集点的建设，形成系统的监测站网。同时利用现有网络和其他先进网络方式，逐步升级，建立稳定、安全、多样的通信传输网络，最终形成全面、立体、高效的感知体系，以了解灌区的各项信息。立体感知体系主要包括雨情、水情、工情、墒情、水质、工程安全监测以及智慧水管理系统所需信息。

水情监测：水位、流量测量实现数字化、远程化，测站系统构架按照智慧水利管理中心、信息控制中心、管理站分站、各个基础站的方式构建。基于现代化互联网技术和软件应用技术进行信息之间的传递。

工情监测：灌区区域内各干支渠上有多个闸门/闸站，结合配套建筑物改造在骨干渠道各进水闸、节制闸、退水闸及部分分水闸处通过安装闸门开度监测仪建立闸门开度信息监测点。

田间墒情监测：墒情监测项目为水层、土壤水分和土壤温度。每个墒情监测站，主要由土壤墒情监测设备（土壤含水率、土壤温度和田面水层深度传感器等）、土壤墒情监测终端（信息采集、通信设备等）、太阳能供电设备（太阳能电池板、蓄电池等）组成。墒情监测站利用太阳能供电系统供电，通过土壤温湿度传感器感知土壤的温湿度，监测终端将土壤墒情信息发往信息控制中心。

水质监测：每个水质监测站，通过水质传感器感知水质的主要参数，信息采集和终端处理系统通过网络将水质数据直接发送至信息中心，信息中心整合处理后在信息服务平台上发布，用户通过信息服务平台获取数据。野外固定的水质监测站应利用太阳能供电系统供电,与闸站在一起的水质监测站可用闸站电源。

工程安全监测:工程安全监测主要是通过埋设检测传感器和巡视检查,对主体工程结构、相关设施以及周围环境所作的测量及观察,以获得结构工作性态的准确数据。该数据采集系统采用分布式智能节点控制,采集单元可按设定时间自动进行选测、存储,并向管理处报送数据。

5.4 智能应用体系

智能应用体系是在立体感知体系感知到的灌区水情、工情、墒情、工程和水质信息基础上,完成对灌区立体感知监测,构建包括取、供(用)水、防汛、抗旱、应急、事故调度以及自动、智能控制的智能应用体系,实现灌区智能灌溉和现代化管理建设。

1) 调度体系

建立取、供(用)水体系调度自动化控制系统,涉及自动控制、信息科学、系统工程等领域,包括通过灌区立体感知体系实现对水情水文数据的监测与传输,通过信息服务平台实现对水情信息的综合处理以及监测监控等。结合各平台数据资料,利用应用软件实现水量体系调度,使灌区输配水系统水量达到动态供需平衡,并在保证工程安全、运行安全的前提下提高供水效率,做到水量分配的适时、适量。

2) 防汛抗旱

全面完成覆盖全灌区的防汛抗旱业务应用建设,面向全灌区各个防汛抗旱部门及时地提供各类防汛抗旱信息,结合灌区立体感知体系的建设全面提升水情信息监测能力,为防洪抗旱调度决策和指挥抢险救灾提供全面的技术支持。

规划防汛抗旱系统具体应包括采集骨干灌排水沟道水情资料等信息监测功能,并将数据直接传输至区级防汛抗旱系统(区智慧水利管理中心),使管理人员实时掌握有效汛期信息;通过日常管理措施对不同汛期信息提供不同的预警预案管理模板,方便管理人员根据预案及时处理问题;对异常汛期信息建立应急指挥管理系统,实现对河口、水闸等重要水利工程设施实时调度,为管理人员会商决策提供一定的依据,并提供一定的应急保障。

3) 应急调度

当输水系统内发生水质污染,渠道及建筑物结构破坏、设备故障和社会安全等影响系统正常运行的情况时,水量调度系统进入应急事故调度模式。该模式以计算机辅助下的人工决策为主，主要依据是根据事故可能发生的情况预先制定应急事故预案，应急事故预案的制定需经全渠道系统非恒定调度过程仿真验证其可行性并评估其危害程度。为了满足以上要求，建立灌区水量调度平台，旨在通过控制各闸门和启用应急备用水源保障灌区供水。

4）自动控制

（1）自动化控制系统

自动化控制系统主要依靠智能终端和互联网相结合的方法，按照自动化处理的原则，逐步实现集中控制、无人值守。自动化控制主要应用于灌区骨干建筑物，如水源泵站、干支渠部分水闸等。现场控制通过现场传感器、控制和通信设施实施，并对工程工况和电气参数进行采集，发送给信息中心控制终端；信息中心控制终端根据管理人员指令或系统自动控制生成的指令，对现场控制终端发送控制指令，由现场控制终端完成设备控制。

（2）视频监控系统

在取水泵站上布置自动化控制系统需同时建立视频监控系统，以保证泵站远程监控的安全，管理人员在灌溉抽引水期间能更实时、直观地查看渠道和泵站抽引水情况。视频监视系统包括现场摄像机、硬盘录像机等设备。分别对泵站上下游及周边环境、泵、启闭机房等现场进行视频监视。

5.5 信息服务平台

信息服务平台是灌区所有信息的集合，负责灌区信息的分类整合，是用户与灌区立体感知系统联系的纽带，本次灌区改造拟通过整合原有信息服务平台，建立灌区信息控制中心搭建信息服务平台建设。

信息服务平台融合立体感知体系所监测的灌区信息，分类整理存入信息中心数据库，在此基础上建立信息服务平台，各类用户（上级管理部门、中心管理人员、用水户、公众等）通过数据接口连接信息服务平台，按照各自权限获取信息。

1）多系统融合

以江苏省智慧大中型灌区平台软件为契机，以灌区业务管理为主，兼顾地市县水利局灌区业务管理，认真梳理灌区各项业务，理顺上下级工作关系，优化业务管理流程，整合灌区关键业务数据，提高灌区管理效率和水平。

灌区日常管理会产生大量的数据信息，由于各个时期的项目建设中，应用了各种各样的软件系统，当这些数据存放在各种软件对应的数据库中时，尤为冗乱复杂、没有章法、读取困难，并且很多较早期建设系统中的应用已经不能满足用户日益增长的业务需求，传统软件由于其不易扩展，牵一发而动全身，往往会通过开发新的软件来实现新的业务需求，随着时间的推移，软件数量会越来越多，入口也随之增多，数据同时也相应增多，集成性越来越差，用户为了完成日常工作，往往需要登录多款软件，且这些软件往往不能提供统一的数据接口。

因此需要一个整合功能强大的平台软件来进行数据资源整合。信息服务平台集成、融合多业务系统分散数据，既保证立体感知体系数据的全面可靠，又做好各类用户的数据接口，整合原“灌区水利信息综合管理平台”，做到一个灌区一个平台。对立体感知体系收集的水情、工情、田间墒情、工程运行和水质信息进行汇总与检查，保证收集到的信息有效可靠。同时，分析汇总信息，存储有效信息，将发现的问题及时反馈给相应管理人员。根据信息服务平台汇总的信息，向上级管理部门报送灌区总体运行信息，中心管理人员可根据需要查询水情、工情、田间墒情、工程运行和水质等所有信息，并提供便民服务，向用水户发送必要的水情、工情、墒情和水质信息，向公众发送灌区管理和工程安全信息。

2）决策服务

重点面向政府主管部门、单位领导和管理人员，基于水利业务提供规划、执行、管理、应急层面的智能决策服务。

（1）防汛决策支持服务

加强防汛信息化系统的建设，根据各个防汛部门提供的信息和灌区立体感知体系监测的数据，结合智能应用体系建设，完善防汛抗旱指挥系统功能，确保防汛抗旱和应急指挥调度信息畅通、安全；并健全防汛抗旱物资储备，增强防汛抗旱的决策和突发性应急处置能力。

建立河道水位预测模型，根据河道水位、实时降雨量以及预报降雨数据等信息预测未来一段时间内的河道水位。如预测水位超过防汛控制水位，提醒管理人员注意，并提供建议操作方案及方案实施效果。如河道实际水位超过防汛控制水位，提醒管理人员进行排涝，或者在已授权情况下自动启动排涝操作。

（2）旱情预测服务

建立灌区旱情预测模型，将灌区按照种植作物分成不同区块，根据立体感知系统监测的田间墒情信息、作物预计耗水量和天气预报降雨情况预测不同区块在未来一段时间内的土壤墒情，以此预测一段时间内灌区的旱情。管理人员根据旱情预测可以合理安排灌溉计划。

(3) 作物灌溉决策支持服务

建立作物需水与土壤墒情模型，根据作物生长期、作物长势、作物对应生长期对应的适宜土壤墒情预测作物需水量和土壤墒情变化情况，据此预测未来一段时间内作物的精确灌溉需求。模型作出的精确灌溉需求可提供给管理人员，在安排灌溉计划时作为参考，或者在授权的情况下自动生成灌溉计划，并实施灌溉。

(4) 工程安全预测服务

建立工程安全预测模型，根据工程安全监测数据(包括监测传感器观测和巡视检查数据)，比较工程的正常数据范围，以及工程数据的相关性，诊断并预测工程的安全状况。模型可为管理人员提供工程维护的参考。

(5) 水资源管理服务

启动水资源管理决策支持应用建设，以信息资源开发为基础、计算机网络系统为依托、政策法规与安全体系为保障，充分利用信息技术，建成一个覆盖全灌区范围、提供多层次服务的水资源管理决策支持系统，基本形成支持进行全灌区水资源监测与优化配置业务处理的能力。

5.6 支撑保障体系

1) 信息控制中心

为了方便构建河渠沟水系、水利基础设施体系、管理运行体系三位一体的网络大平台，方便灌区管理与调度，方便上级管理部门和用户与灌区的信息沟通，需兴建灌区信息控制中心。灌区信息控制中心是灌区现代化管理的服务中心，将灌区信息服务平台、灌区立体感知监测中心和灌区智慧灌溉控制中心集于一体，数据接入智慧水利管理中心(区水利局)和“江苏省智慧大型灌区平台软件”系统，方便管理人员集中管理和调度。

2) 构建支撑平台

建立灌区电子地图地理信息系统，基于GIS“一张图”的方式实现灌区水文、气象、工情、视频等信息的监测显示，方便各级工作人员及时掌握灌区运行管理情况。

该系统主要包含：

“防汛抗旱一张图”，利用各个防汛抗旱部门提供的信息和灌区立体感知体系监测数据进行综合分析，通过一个界面、一张图直观反映当前防汛抗旱态势，并借助各系统实现对河口、水闸等重要水利工程调度方案的实时生成。

“预警预案一张图”，借助信息服务平台实现对水资源、水利工程运行管理等灌区核心业务数据进行整合，通过对监测项数据设定阈值实现预警预案管理，利用电子地图闪烁、声音等方式对工作人员进行预警，并及时调出处理预案，为决策者提供依据。

3）健全数据存储

（1）统一数据标准

采用水利数据库表结构标准规范、数据采集和传输标准规范、数据存储和管理标准规范、数据共享标准规范、信息检索和数据分析标准，规范数据的获取、传输、处理、存储，确保信息的完整性、准确性和及时性。

（2）补全基础数据库

整合、移植和补充完善现有的水利工程、水文、灌区信息、水利法规、政策标准等基础数据，基于GIS“一张图”，建成种类比较齐全、数据丰富完善的数据存储库，作为水利数据中心的基本数据资源。

（3）完善业务数据库

把已建的水位、流量数据采集管理等业务系统的数据库进行整合，移植到数据中心的综合数据库，建立数据同步机制。按照相关数据库表结构标准，直接在数据中心专业数据库存储区建设所需新数据库，通过数据更新维护，结合前端信息采集、数据收集整编和数据交换，逐步充实相关数据。开展资源目录数据库建设，按照相关主题应用进行分类，为各类应用提供资源目录统一检索和发布。

（4）建立空间数据库

空间数据主要包括基础地理、水利等信息，空间数据库数据来源主要是自然资源、测绘、建设等部门权威发布的数据、灌区自有数据及专业机构测算的灌区地理信息数据。

（5）建设共享数据库

引用天气预报数据、水环境数据、实时水文数据和灌区管理相关数据构建共享数据库。有利于跨单位、跨行业数据共享，降低数据收集与应用的难度，提高灌区的管理效率。

6
生态体系

坚持生态优先、绿色发展，保护优先、自然恢复为主，以“恢复沟渠水生态系统”为核心思想，重点开展水生态修复，重构自然和谐的水生态系统；结合灌区未来集聚提升、城郊融合、特色村庄保护及相关规划，配合各项水生态修复措施，重点打造生态湿地和沟渠植被恢复点，提升灌区生态环境和人居环境水平；以建设生态沟渠为目标，以生态河道建设为抓手，以保障河道防洪安全、供水安全、生态安全为重点，以灌区骨干灌排体系为整体统筹考虑治理措施，在以往沟渠疏浚整治初步成效的基础上，通过清淤疏浚、岸坡整治、堤防加固、绿化植被、景观设施、河道管护等措施，有效解决河道淤积、功能衰减、水环境恶化等突出问题，着力构建“河畅、水清、岸绿、景美”的生态型灌区。

6.1　建设思路

紧密结合灌区实际，按照支撑经济社会发展、水生态环境保护的需要，根据兴利除害结合、防灾减灾并重、开发保护统一、治标治本兼顾、流域区域协调的要求，坚持保护优先、自然恢复为主的方针，以打造美丽乡村为目标，以灌区骨干沟渠生态化改造、农业面源污染防治为重点，协调水资源、水安全、水生态、水环境系统治理，实施灌区水生态保护和修复的工程措施与非工程措施，构筑灌区点线面相结合、全覆盖、多层次、立体化的水生态安全网络，提升水利在推动灌区水生态保护与修复方面的关键支撑作用，推进灌区河流、渠道、沟系休养生息，提升灌区水生态系统质量和稳定性，为满足灌区人民日益增长的对优质水资源、健康水生态、宜居水环境的需求提供水利支撑与保障。

6.2　建设标准

《江苏省“十四五”农村生态河道建设规划》从河道功能、河道形态、河道环境以及河道管护等四个方面提出 15 项细化指标和公众满意度评判指标，对于一些生态建设标准高的灌区生态沟渠同样适用。

1）河道功能

（1）功能完备：农村河道满足防洪、排涝、灌溉、供水、通航等功能需求，达到规划设计标准。

(2) 运行正常:河道通畅,无坝埂,无阻水障碍物,沿河建筑物配套基本齐全、运行良好。

2) 河道形态

(3) 河势稳定:河道纵断面宜保持原有的天然坡降,保证发生经常性洪水时河道内径流不淤积、河床不冲刷;河道横断面宜保持天然河道断面形态,当保持天然河道断面存在困难或不可能时,应考虑地形、地质、水流等因素,选择人工梯形断面或复式断面。

(4) 岸坡多样:平原区河道除有通航要求外,一般宜采用自然土质岸坡,采取植物措施防护;山丘区河道宜采用耐冲刷、透水性好的生态护岸形式。在土质较差、冲刷严重、河坡坍塌、坡陡临路段,可采用硬质化护坡(岸)。

3) 河道环境

(5) 水体清澈:目测表观水清,水体透明度大于 30 cm。

(6) 水质良好:河道水质全面达到水功能区及水环境功能区水质要求,消除劣Ⅴ类水体。

(7) 排放达标:直接排入河道的工业污水处理率应达到 100%,农村生活、规模畜禽养殖产生的污水应集中收集、集中处理、达标排放。

4) 河道生态

(8) 生物多样:水体可见多种水生动植物,提倡构建沉水植物、浮水植物、挺水植物等水生植物生态系统。

(9) 水量控制:满足河道基本生态流量,保障水体自然净化功能,确保河道常年不断流。

(10) 生态修复:河岸设置利于水生动物栖息和繁衍的场所;推行构建生态缓冲带,增强面源污染拦截、净化功能。

5) 河道景观

(11) 绿化多样:河道岸坡植被连续、层次分明。在不影响行洪的前提下,河道内的滩地和近岸水域宜保留或种植有利于治污和净化水体的低杆植物。

(12) 景观配套:居民集中居住段布设人行道、亲水平台、文化廊亭、艺术小品、灯光水景等,体现乡村特色。

6) 河道管护

(13) 机制健全:落实"河长制",建立责任明确、协调配合、实施到位的长效管护机制,建立日常管护巡查机制。

（14）范围划定：按要求划定河道管护范围，设置农村河道管护范围的界桩和标识牌。

（15）管护到位：河坡整洁，无生产生活垃圾及其他杂物堆放；河面清洁，无漂浮杂物，无有害水生植物，无废弃船只等；河水洁净，无污水超标排放；河道通畅，无乱占河面、乱种乱垦、乱挖乱填现象。

6.3 生态措施

灌区内河网众多，骨干引排河道、田间排水沟承担着灌区内排涝、降渍的任务，目前部分灌区内许多河道及渠道均杂草丛生，生有水花生，河道淤塞严重，淤积深度均达 1.0 m 以上，排涝能力不足，同时为了控制和削减灌区农业面源污染，提高水质，计划对灌区内部分沟渠进行底泥疏浚，并在此基础上将部分排水河道建成生态河道，建设生态拦截工程。采用荣勋挡墙、木桩、生态袋等实施岸堤生态防护；通过生态浮床、岸坡水生植物的设置，削减水体中 N、P 等营养素；局部节点采取原位生物接触氧化技术，利用植物在生理活动过程与周边环境的物质交流来吸收降解水体污染物质，使水体的自净能力得以提升。

6.3.1 生态修复

对灌区内骨干沟渠采用底泥疏浚、原位生物接触氧化技术及岸坡水生植物配置技术等技术方式进行生态修复。

（1）底泥疏浚。农田面源污染被排水沟截污后，沉积在沟底的营养物质仍可逐步释放而导致藻类繁殖，水质恶化。因此治理面源污染，必须采取“内外兼治”的措施，既要控制外源性营养物质的输入，又要通过底泥疏浚达到治理内源污染的目的。本次通过底泥的疏挖去除沟底泥所含的污染物，清除污染水体的内源，减少底泥污染物向水体的释放，并为水生生态系统的恢复创造条件。清除淤泥用于植被生态系统恢复或还田利用。

（2）原位生物接触氧化技术。由于灌区排水最终将入长江，为了提升入江河道水质，必须降低河道的污染负荷。因此，在支河汇入通江河道处采用原位生物接触氧化技术，在浮床底下悬挂悬浮填料。填料为生物膜的生长提供了基地，它不仅增加了生物膜的数量，而且使其活性得到提高。微生物附着在固体介质表面上，对水质变化适应性强，并且处理效率高(因为附在上面的微生物种类较多)，降解产物污泥量少。在河道一定水体空间设置悬浮填料，可实现生物-生态控污的协同作用。每组装置面积 6 m×4 m。

(3) 种植水生植物。自水深 0.6 m 处往河堤方向，交替种植水生植物(千屈菜＋花叶芦竹，水生美人蕉＋菖蒲，菖蒲＋香蒲，水葱＋再力花，见图 6-1)，宽度为 1 m，每种植物配置方式种植 100 m。

菖蒲

香蒲

图 6-1　水生植物配置组合图

(4) 岸坡缓冲带。沿路一侧构建乔-灌-草复合群落，选用垂柳、黄杨间隔种植，间距均为 6 m；草坪采用狗牙根，复播黑麦草。(见图 6-2)

6.3.2　生态走廊

各灌区沿河、沿渠(沟)、沿库塘水系构建生态走廊，构建灌区乔木、灌木和草本植物合理配置的生态系统，构筑灌区水生态屏障体系，发挥灌区改善乡村生活环境、调节气候、提供景观服务等多重服务功能。生态走廊构建技术应充分考虑生态走廊位置、植物种类、结构和布局及宽度等因素，以充分发挥其功能，并满足下列要求。

(1) 生态走廊位置确定应调查河道所属区域的水文特征、洪水泛滥影响等基础资料，宜选择在洪泛区边缘。

(2) 从地形的角度，生态走廊一般设置在下坡位置，与地表径流的方向垂直。对于长坡，可以沿等高线多设置几道生态走廊以削减水流的能量。溪流和沟谷边缘宜全部设置生态走廊。

图 6-2 岸坡缓冲带

(3) 生态走廊种植结构设置应考虑系统的稳定性，设置规模宜综合考虑水土保持功效和生产效益。

(4) 植被缓冲区域面积应综合分析确定，在所保护的河道两侧分布有较大量的农业用地时，缓冲区总面积比例可参照农业用地面积的 3%～10%拟定。

(5) 生态走廊宽度确定应综合考虑净污效果、受纳水体水质保护的整体要求，尚需综合考虑经济、社会等其他方面的因素进行综合研究，确定沿河不同分段的设置宽度。

生态走廊的植物种类配置及设计宜满足下列要求。

(1) 植物配置应具有控制径流和污染功能，根据各地实际情况进行乔、灌、草合理搭配。树种选择以乡土树种为主，选择耐酸碱性、耐高温干旱，同时应具有根系发达、生长快、绿期长、成活率高、价格经济、管理粗放、抗病虫害与杂草竞争力强

图 6-3　植物种类示意图

的植物。如采用榉树、垂柳、落羽杉、乌桕、广玉兰、银杏、碧桃、垂丝海棠等乔木，石楠、木槿、金森女贞、迎春、鸢尾、二月兰、白三叶等灌木和地被，黄菖蒲、千屈菜、再力花、剑叶梭鱼草等挺水植物。(见图 6 - 3)

(2) 宜充分利用乔木发达的根系稳固河岸，防止水流的冲刷和侵蚀，并为沿水道迁移的鸟类和野生动植物提供食物及为河水提供良好的遮蔽。

(3) 宜通过草本植物增加地表粗糙度，增强对地表径流的渗透能力和减小径流流速，提高缓冲带的沉积能力。

（4）宜兼顾旅游和观光价值，合理搭配景观树种。

（5）植物的种植密度或空间设计，应结合植物的不同生长要求、特性、种植方式及生态环境功能要求等综合研究确定。

6.3.3 工程措施

优先考虑生态渠道、生态沟道建设，采用绿色混凝土、生态工法、增设动物生态通道等生态衬砌措施，增加水土沟通交流，增强水系连通、库塘渠沟湿地水生态保护，形成点线面相结合、全覆盖、多层次、立体化的水生态安全网络。

（1）生态渠道建设

为减少渠道渗漏、提高输水效率，灌区现状渠道普遍采用混凝土和浆砌石对渠道进行衬（护）砌，使水系与附水生物环境相分离，致使相应自净能力等生态功能消失，无法参与缓解水污染，对生物多样性及环境气候造成不利影响。

各地充分考虑上述问题，根据灌区实际，因地制宜，采用多种型式对渠系进行衬砌改造。具体包括：采用绿色环保植被混凝土，无沙大孔隙混凝土进行衬砌，有利于后期植被生长；对渠道设计水位以下断面进行衬砌，以上部分种植草皮；对混凝土衬砌渠道采用护坡不护底及复合式衬砌型式，或采用植生型防渗砌块、原生态植被防护、三维土工网垫等衬砌技术，在保证渠系水利用率的同时，保护环境，重塑健康生态系统。（见图 6－4）

图 6-4　生态渠道典型效果图

（2）生态沟道建设

目前灌区现状沟道的建设中为了实现最优输水、排水功能，多运用混凝土、浆砌石等刚性护砌，片面追求水力学中最佳水力断面等设计思路不同，生态型排水沟在满足排水沟正常排水功能的同时，更注重生态效应的发挥、生态系统的平衡和生物多样性的保护。对生态沟道的设计重点注重如下几点：

保证排水沟的基本排水功能，及时排除农田余水、地下水以及地表径流，保证不冲不淤、工程结构安全。

尊重农田排水沟建设前已有的自然生态环境，尽量减少水利工程建设中对原有自然生态环境造成破坏的人工材料的使用，以自然、原生、生态化为设计原则，保障田间生物的自由通行不受阻碍、减少排水沟护坡的硬质化。

排水沟要具备一定的透水性，既能发挥正常的排水功能，又要保证排水沟内的正常水位，涵蓄地下水源，使农田排水沟的生态系统内的水循环通畅。

排水沟中适当设置田间生物栖息避难场所及多孔质空间，保护田间生物，增加水路两侧绿化和与周围自然景观的配合。

排水沟断面的型式要多样化，较小的排水沟的断面可选用梯形断面，排水标准要求较高、流量较大的排水沟可选用复式断面，营建多样化的排水沟环境。经过严格设计后，确实需要使用混凝土做排水沟护坡护砌时，在满足水力学条件的前提下，尽量与生态材料（如生态混凝土）等综合使用。

（3）生态护坡建设

生态护坡是指不破坏河道自然生态系统的护坡，它拥有自然河床与河岸基底，丰富的河流地貌，可以充分保证河岸与河流水体之间的水分交换和调节功能，同时具有一定的防护性能。生态型护坡型式主要有：植物护坡、土工网复合植被技术护坡、生态型混凝土砌块护坡、石笼或格宾结构生态型护坡、绿化混凝土护坡、铰接式护坡等。在满足岸坡防护要求的情况下，自然植物护坡是首选的生态护坡技术。

6.3.4 非工程措施

在工程建设与改造的基础上，结合各项目区实际，优化作物种植布局、优化作物种植布局、采取农业田间节水技术、农艺措施、优化施肥施药和管理等非工程措施，与工程措施综合集成应用，发挥最大效益。

（1）优化作物种植布局。轮作制度或者耕作制度不同，化肥投入量及水分管理方式也会不同，从而造成面源污染产生情况也不尽相同。作物种植尽量做到统一布局、连片种植，避免水旱作物混种，以利统一灌排，缩短输水路线，减少输水损失，避免不同作物用水矛盾。按降雨时空分布特征及地下水资源与水利工程现状，合理调整作物布局，选用作物需水与降水耦合性好、耐旱，增加雨热同期对雨水利用率高的作物。同时，调整播种期使得作物生育期耗水与有效降雨量耦合，是提高作物降水利用率、避免干旱的有效途径。

（2）发展生态循环农业。按照高效生态循环农业生产经营模式要求，结合现代农业发展规划、粮食生产功能和现代农业园区规划，鼓励灌区发展以无公害、绿色、有机农产品为特征的高效生态循环农业。

（3）加强管理与技术服务。完善工程建设、建后管护制度，健全计划用水、节约用水制度，推进农业水价综合改革。落实“先建机制，后建工程”制度；制定吸引社会资本和市场主体投资建设的政策措施，鼓励企业、专业种植公司、农业合作社、农民用水户参与工程建设与管理；明确工程主体，落实管护责任，建立持续运行的管护机制。构建以基层水利站、专业服务组织为基础的技术推广服务体系，有效引导科学灌溉、科学施肥、大力推广先进技术，充分发挥工程效益。

（4）提高支撑保障能力。进一步理顺管理制度，深化用水管理、节水管理、水功能区管理、水源地管理、水权有偿使用和交易、水生态环境损害赔偿、水生态补偿等制度改革，完善水生态保护与修复的法制、体制及机制，逐步实现水生态保护与修复工作规范化、制度化、法制化；加大水生态保护执法监管体系建设，完善水环境网格化监管，落实政府和企业水环境保护责任，创新市场激励机制，开展水生态保护与修复政策和投融资机制创新研究；加强灌区水生态保护与修复技术的研究、开发和推广应用；制定水生态保护与修复工作评价标准和评估体系。

（5）广泛开展宣传教育。开展灌区水生态保护宣传教育，提升公众对于水生态保护的认知和认可，倡导先进的水生态伦理价值观和适应水生态保护要求的生产生活方式。建立公众对于水生态保护与修复意见和建议的反映渠道，通过典型示范、专题活动、展览展示、岗位创建、合理化建议等方式，鼓励社会公众广泛参与，提高珍惜水资源、保护水生态的自觉性。

6.4 水资源保护

6.4.1 合理制定方案

合理制定纳污能力及限制排污总量控制方案。以来龙灌区为例根据近几年水质、水文统计数据及居民生活、工业、种植业、畜禽养殖业和水产养殖业的废水排放情况,目前未集中处理的城镇生活污水 COD 排放量为 407.52 t/a、氨氮排放量为 40.75 t/a,未集中处理的面源污染物排放量为 COD 排放 5 654.52 t/a、氨氮排放量为1 048.81 t/a。鉴于此,将采取排污口整治、雨污分流及提高污水收集处理率,减少集中入河污染物排放量,逐步杜绝未集中处理的城镇污水排放带来的污染负荷,并通过农业种植结构调整、科学合理施肥、畜禽养殖整治和农田径流污染拦截工程减少农村面源污染排放,预计可在 2025 年削减 COD 排放量 1 676.0 t/a、氨氮排放量 256.8 t/a,以此保证灌区水质总体达标并不断改善。

6.4.2 满足生态需水

灌区用水和运行调度应服从最低河道生态基流要求,维持河床基本形态,保障河道输水能力,保持水体一定自净能力。保证河道生态基流是遏止生态环境恶化、逐步恢复流域生态系统健康和服务功能的前提,可通过严格执行轮灌制度,合理分配各区域用水量,在都有水用的前提下做到不同时拥挤用水,从而在时间上减少河渠抽水压力,为水生动植物以及水体自净留下足够的生态水量。

6.4.3 加强水源地保护

灌区对水源地进行铁栅栏围护,同时布置警示牌,安排专人看守,重视程度已经较高。但是考虑该地水源地靠近农村生活区,还需要加强人们自发保护水源地水质的意识,或者明令处罚条例等。加强饮用水安全监管,从水源到水龙头全过程监管饮用水安全。同时,区和各级乡镇人民政府及供水单位应定期监测、检测和预测本行政区域内饮用水水源、供水厂出水和用户水龙头水质等饮水安全状况。各县级人民政府自 2020 年起定期向社会公开饮水安全状况信息,每年至少 1 次。推进饮用水水源水质自动在线监测站建设。

6.4.4 强化排水管理

为实现农业可持续发展的目标,基于现代灌区节水减排的需求,根据农田面源污染物迁移规律及其对环境的影响效应,核定农田排水定额指标,控制农田面源污染,核算农业生态补偿成本。结合不同年型的灌排水量,强化农田排水定额管理,形成农田减排奖惩机制,促进灌区用水户对节水减排的重视,减少面源污染物排放,助力水资源保护。

6.4.5　加强污染防治

（1）点源污染

支持农村污水、垃圾处理设施的建设，推进农村污水、垃圾集中处理。同时，加强与环境保护主管部门的监控设备联网，及时获取污染灌区水体信息，协助督促排放的企业、村镇采取有效措施，收集和处理产生的废污水，防止废污水直排河道渠沟，污染水体。灌区部分干支渠沿岸村镇存在生活、生产污水，结合城镇雨污分流管网建设，兴建渠下排污涵，并对沿岸村镇生活、生产废污水排水口进行封堵，通过开挖导流沟、建设渠下涵等措施将废污水排到排渍道等天然容泄区。

（2）面源污染

灌区内河网纵多，水系发达，农田灌排系统是典型的农业面源污染汇集系统，水体中富含大量的 N、P 等污染物，这些污染物最终随水系汇入长江，本项目灌排系统水环境改善方案采用过程控制、末端治理技术，针对不同类型地区的特点采用不同的生态处理措施。本项目的设计思路是通过沟、渠、塘等生态修复与治理，利用植物在生理活动过程与周边环境的物质交流来吸收降解水体污染物质，使水体的自净能力得以提升。技术路线如图 6-5 所示。

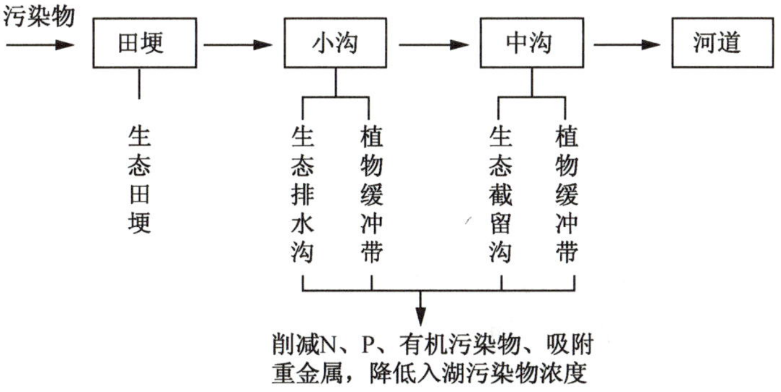

图 6-5　面源污染治理技术路线图

（3）内源治理

水面清理主要措施是针对水体漂浮物、垃圾以及生物残体进行清除，通过合理化的管理措施，避免水中垃圾及漂浮物的产生。河道沿岸的垃圾清理主要通过人工和机械相结合的方式。生物残体及漂浮物主要靠人工打捞的形式清理。将河道垃圾清捞后就近运送至垃圾转运站,与生活垃圾共同进行处理,运往垃圾填埋场。河道整治主要是通过对污染水体,尤其是重度污染水体底泥污染物的清理,快速降低黑臭水体的内源污染负荷。

6.4.6 加强水资源量保护

制度措施:对灌区需水情况量化的把控,科学合理用水,在灌溉期严格实行轮灌制。取水要严格按相关规定办理取水手续,限制非法取水;根据水行政主管部门对水资源实施统一管理的要求,全面实行取水登记、取水许可制度,严格按批准的取水规模依法取水,不得随意增加取水量。

硬件措施:完成灌区各级供水渠道的续建配套与现代化改造建设任务,尤其是田间渠系的节水措施和配套建设。对重要水体安装监测仪器实时监测流速流量等数据,安排人定期测定各级河道的水质情况,对灌区水资源的实时情况有进一步的掌握和记录。

科技措施:发展节水农业,一是调整农业结构、作物结构,改进作物布局,改善耕作制度,改进耕作技术(整地、覆盖等);二是培育耐旱抗逆的作物品种等;三是强化管理节水,包括管理措施、管理体制与机构,水价与水费政策,配水的控制与调节,节水措施的推广应用等;四是推广工程节水,包括灌溉工程的节水措施和节水灌溉技术,如精准灌溉、微喷灌、滴灌等。

6.4.7 完善应急制度

完善突发水污染事故应急处置制度。协助相关部门对灌区取水、排污及水功能区的监督管理,建立突发水污染事故应急处置制度及《突发性水质污染事故应急预案》,加强预案演练,从制度上建立健全监督管理的长效机制,提高对影响安全稳定因素的预测、防控和处理能力,保证突发事件后对供水区域的安全。

6.4.8 加强监督管理

建立健全党政一把手负责的灌溉渠道管理体系。全面实施“河长制”,分级分段组织领导本行政区域内河道的水资源保护、水域岸线管理、水污染防治、水环境治理等工作,出台并制定具体的整治方案,建立健全日常管护制度和“河长制”专项考核机制，落实河道管理责任。

进一步强化《水法》等法律、法规确立的水资源保护制度，建立灌区水资源保护的协商、协调和联防机制，实施交接断面目标考核制度、交接断面水质状况通报制度，把水资源保护目标纳入相关行政区的目标考核指标体系中，严格水资源保护与管理，维护河流健康。

6.5 水文化保护

根据水利部颁布的《水文化建设规划纲要（2011—2020 年）》（水规计〔2011〕604 号）文件精神，坚持社会主义先进文化前进方向，以满足人民群众精神文化需求为出发点和落脚点，以科学发展为主题，以建设社会主义核心价值体系为根本任务，继承和发扬水利文化，为水利事业的现代化建设提供先进的文化支撑。结合灌区水文化特色，建设具有地区特色的水文化展示区域，传扬灌区历史文化，介绍灌区建设历程、工程效益以及特有的民俗文化，宣传节水、爱水、治水、净水的价值观念，打造融休闲、娱乐、文化传播于一体的水文化游赏景区；丰富灌区水利内涵、完善水文化体系，提高人们对于灌区的认识以及地区自豪感，形成人水和谐的生产生活方式。

6.5.1 水文化布局

大型灌区水文化保护与建设主要围绕灌溉文化、人文历史、休闲景观以及科学教育等四个方面展开。

（1）灌溉文化

为了更好地将灌溉文化展示出来，在水利遗址公园建设文化馆介绍灌区从古至今的种植历史、农耕传统、耕地方式和器械演变等，以及如今灌区的建设历史、现状和未来。

（2）人文历史

一个地区的人文历史是该地区的精神文化内核，新建的“水文化展示中心”，结合灌区水利文化遗址介绍，学习灌区范围内古代水利先贤们与旱涝灾害抗争留下的一处处遗迹以及与水有关的水利文物，例如唐朝 72 眼古井、皂河龙王庙、项王故里的水文碑等。除了水利遗址以外，通过宣传古今迁客骚人在当地创作的与本地水体相关的诗词歌赋,传承和发扬灌区水文化的历史底蕴。

(3) 休闲景观

水文化建设不仅仅在于对文化的挖掘与保护,同时也需要建设相应的休闲场所与景观,不仅可以为灌区人民提供更好的生活环境,也是对于灌区水文化内涵的丰富与拓展。建设水生态景观,对各作物种植区进行建设,为灌区人民提供休闲赏景的场所。

(4) 科学教育

宣传教育为水文化保护中必不可少的一环,将现有的与水相关的科学知识进行普及,引导人们了解并且养成节约用水的好习惯,也是水文化保护的目的之一。利用水利遗址公园和建设水情教育基地以及科普教育基地举行灌区水文化传承系列活动,为人们普及与水有关的基本知识,起到宣传教育的作用。

灌区水文化建设贯穿灌区。

6.5.2 水文化机制

水文化是人类历史文明进程中人们在处理人水关系活动中创造的以精神成果为核心的物质、行为和制度成果的总和,集中体现了人与水关系的一种社会状态。水文化不仅可以促进经济的繁荣发展,也可以丰富现代水利文化体系,引导人水和谐,因此水文化保护受到了越来越多的重视。关于水文化保护的具体机制,主要包括以下几个方面。

(1) 增强水文化保护意识

保护利用好水文化,首先政府部门要把水文化保护列入经济和社会发展目标规划,按照有关要求制定相应的保护政策。其次要大力宣传,利用新媒体,加强水文化的宣传教育;学校、民间艺术团体、电影院和各种媒体要利用节庆日宣传水文化保护成果;举办各类展览、讲座、专题报道,加强水文化保护的法律、政策和技术咨询。

(2) 加强队伍建设

建立有效的工作机制和体制,各级水利部门应从行业管理的需求出发,建立起满足水文化事业健康发展需要的工作体制和机制,进行水文化的持续有效管理,积极培育和探索建立健康、稳定、繁荣的水文化市场机制,重点在水利文化旅游、水利博物馆建设等方面进行尝试,寻求结合点,走上良性发展的道路。

(3) 水文化保护与经济相结合

要把保护、传承水文化与促进经济发展结合起来，加快发展水文化产业，打造水文化知名品牌，要充分发挥水文化的资源优势和特色优势，结合灌区水利风景区建设，开发水文化旅游精品。

(4) 加大对水文化保护的资金投入

水文化保护需要大量的资金投入，建立多渠道筹资机制，一方面增加财政预算，另一方面建立各种基金，募集社会资金。要制定出台水文化保护政策，建立多元化的投资渠道，吸纳更多的社会资金，用于水文化保护活动。

挖掘悠久的治水文化、丰富的水景文化、科学的兴水文化、和谐的亲水文化，围绕灌溉文化、人文历史、休闲景观、节水教育等方面，通过文献、调查、走访等形式，系统地搜集、整理灌区历史变革、演变过程、重大事件、传说、遗迹、标志性工程等，提炼水利文化对不同历史发展阶段的作用及社会文明进步的影响，致力于建设高效服务灌区、生态文明灌区、平安和谐灌区的现代化灌区。

7

管理体系

7.1 总体思路

加强顶层设计，坚持问题导向，政府统领，部门协调，全面贯彻新发展理念，积极践行新时期治水思路，围绕保障粮食安全、供水安全、生态安全，落实节水优先方针，坚持综合施策、重点突破、改革创新、稳步推进，着力改革管理体制、强化标准化规范化管理、推动机制改革、创新制度体系、加强科技服务、全面提升从业人员素质，形成职能清晰、权责明确的管理体制，资源优化配置、合理利用与有效保护的制度体系，专业高效、经营规范的管理队伍，全方位提升灌区管理保障能力与服务支撑水平，率先实现大型灌区管理现代化。

7.2 目标任务

7.2.1 总体目标

建立完善专管与群管相结合的管理体系，不断规范和提升现代灌区管理服务水平。足额落实灌区“两费”，满足灌区运行管理和工程维修养护需求，健全灌区财务和资产管理制度，实现灌区良性循环；构建灌溉优化的供配水制度与工程科学调度的运行管理体系，实施用水总量控制和定额管理，实施精准灌溉、精准计量、精细管理；进一步巩固农业水价综合改革成果，统筹考虑供水成本、用户承受能力、补贴机制建立以及灌溉定额、排水定额等因素，对超定额用水和超定额排水实行累进加价制度；加强灌区队伍建设，组建高效敬业的管理队伍，配备合理的年龄结构、专业结构，定期开展技术培训，不断提升灌区管理人员的管理水平和技术人员的专业技能；开展灌溉试验和科技推广，加强新技术、新材料、新工艺、新设备以及装配化建筑物在现代化灌区改造中的应用，逐步实现综合治理能力的现代化。到 2025 年，水价形成机制完善，水费管理制度落实，“两费”落实率达到 100%，执行水价达到运维成本水价水平，水费实收率 100%，标准化、规范化管理基本落实，信息化覆盖度达到 80%，用水调度、工程设施管护基本实现信息化管理，职工年度参加培训人员占比不低于 80%。到 2035 年，“两费”落实率达到 100%，水费实收率 100%，标准化、规范化管理全面落实，信息化覆盖度达到 90%，用水调度、工程设施管护实现信息化管理，职工年度参加培训人员占比不低于85%。

7.2.2 主要任务

(1) 管理体制改革

按照《水利工程管理考核办法(试行)》，完善有关制度，明确灌区管理单位功能定位，加快推进事业单位分类改革；积极探索政事分开、管办分开的多种有效实现形式，健全事业单位内部的决策、执行、监督机制。灌区管理所进一步进行机构内部管理体制改革，完善骨干工程的管理；推行水利工程养护购买服务模式，管理所以合同制工人为基础组建专门的维修养护队伍，专业承接灌区维修养护任务，实现真正的管养分离；加强用水合作组织规范化建设，充分发挥其在田间工程、末级渠系建设管理、用水管理、水价协商、水费计收等方面的作用。

(2) 灌区管理制度

根据水利部《大中型灌区标准化规范化管理指导意见(试行)》《水利工程管理考核办法》等要求，结合灌区建设与管理实际，坚持政府主导、部门协作，落实责任、强化监管，全面规划、稳步推进，统一标准、分级实施的原则有序推进灌区标准化规范化管理，完善管理制度，落实岗位责任主体和管理人员工作职责。建立健全财务、资产等管理制度。落实工程设施及设备的管理与维修养护责任主体，筹措落实管护经费，积极推进物业化管理。建立安全生产管理体系，落实安全生产责任制，建立健全工程安全巡检、隐患排查和登记建档制度，落实水旱灾害防御责任制，明确岗位职责，建立事故报告和应急响应机制等。加强巡护、检查、观测，确保工程设施与设备状态完好，达到设计标准，效益持续发挥。推进灌区划界确权工作，明确骨干工程管理和保护范围，设置界碑、界桩、保护标志。推行总量控制与定额管理，取水许可手续规范完善，编制年度(取)供水计划，农业用水总量指标细化分解到用水主体，制定灌区用水管理制度。

(3) 农业水价综合改革

凝心聚力，克难攻坚，高质量完成农业水价综合改革任务。认真贯彻落实国务院关于农业水价综合改革的决策部署和水利部有关要求，坚持目标导向、问题导向、结果导向，强化责任担当，细化目标任务，积极主动作为，夯实工作举措，聚焦重点、突破难点、打造亮点，统筹推进农业水价综合改革工作，截至2020年11月已全面完成农业水价综合改革任务，累计完成改革面积5 437万亩，基本实现了全省全覆盖。需进一步巩固农业水价综合改革成果，提炼可推广的典型经验。

(4) 科技支撑和人才培养

强化科技驱动。依托科研院所、高校、灌溉试验站，在高效节水、农田生态、环境治理、水生态环境修复等方面探索集成优化技术组合，推动灌区可持续发展科技创新。进一步加大水利科技推广体系改革与建设力度，促进成果转化。强化人才培养。依托水利科研、推广项目和人才培训工程，加强现代化发展科技人才队伍建设。充分利用水利高等教育、职业教育等培训渠道，培养灌区高效用水、农村环境监测、生态修复等方面的技能型人才，优化灌区人才结构、提高现代化发展专业水平，为灌区现代化发展提供坚实的人才保障。

7.3 体制改革

深化灌区水管体制改革，落实公益性人员经费和公益性工程维修养护经费。按照水利部、财政部印发的《水利工程管理单位定岗标准》和《水利工程维修养护定额标准》测算、核定并落实管理人员、管理经费、维修养护经费，万亩管理人员控制在 2 人以内，“两费”落实率达到 100%；推进灌区骨干工程管养分离，培育和规范灌排工程维修养护市场。灌区专业管理机构进一步进行机构内部管理体制改革，完善骨干工程的管理；田间工程加大对村组集体、新型农业经营主体、农民用水合作组织等群管组织的指导，发挥其灌区末级渠系运行管理主体作用。灌区运行管理方面需加强以下几个方面工作：

一是落实安全责任制，确保工程运行安全。以灌区各引水河、排涝河泵闸站以及堤防涵闸的运行为重点，落实各类水利工程尤其是堤防涵闸安全责任制和安全运行各项规章制度；建立及落实主要负责人、分管负责人、安全管理人员、各岗位安全生产责任制；加强应急机构和应急队伍建设；建立和完善安全事故预防、预警、预报应急机制。着重检查堤防、泵站、涵闸闸门及启闭设备和电气设备的使用维护情况；工程临水临边防护、高低压电器防护、消防设施配备管理情况。

二是建立长效管护机制，加强考核监督。农田水利工程管理工作已与农村河道管护项目同步纳入省农田水利建设管护项目绩效考评中。各地建立健全长效管护工作机制，结合小型水利工程管理体制改革、农田水利设施产权制度改革、水价改革等工作，严格考核措施，积极推行农村小型农田水利工程管护模式“市场化”、管护人员“专业化”、管护考核“绩效化”等管理目标。加强检查监督考核，建立切实可行的考核细则，定期和不定期组织开展专项督查，确保已建好的项目能够长效运行。继续坚持月度督查和季度考核相结合，定期考核与不定期检查相结合，加大农村河道长效管护考核力度，不间断地对全区农村河道管护情况全方位督查，并将考核结果与评优评先挂钩。

三是继续深化改革，加强用水合作组织建设。加强乡镇水利站服务能力建设，统筹推进人才队伍建设、改善基础设施、强化技术装备、健全管理制度等各项工作。水利站人员、运行等经费足额落实，工作重心转移到管理与服务上来。健全村级水管员制度，加快构建以乡镇水利站为纽带，农民用水合作组织、抗旱排涝服务队、专业化服务公司和村级水管员、义务监督员等共同构建的基层水利服务网络。完善和壮大农民用水合作组织，对依法进行登记注册的农民用水合作组织，进一步明确功能定位，拓展服务范围，健全管理机制，探索农民用水合作组织向农村经济组织、专业化合作社等多元化方向发展，扶持其成为农田水利工程建设和管护的主体，充分发挥其在工程管护、用水管理、水费计收等方面的作用。

四是加强队伍建设，加大培训力度。加强农村水利设施管护组织及队伍建设，建立健全各项管护制度，各类农村水利设施应有专人负责管护，有管护合同、管护记录，管护费用按合同发放。同时做好档案管理工作，保障各项档案真实完整，包括工程核查登记、移交手续、规章制度、队伍建设、经费安排和使用、日常维修养护、检查考核等。加大宣传统计人员培训力度，提高农村水利宣传队伍人员素质。建立健全统计数据报送审核机制，提高农村水利统计数据的客观性、准确性、科学性。

7.4 水价改革

在当前已全面完成农业水价综合改革任务的基础上，对改革成果进行进一步巩固提升。

全面完成改革验收。2019 年底省级相关部门联合印发《江苏省农业水价综合改革验收办法》；2020 年 5 月，省级印发《农业水价综合改革工作验收指南》，进一步细化规范验收有关工作。制定出台《江苏省农业水价综合改革验收办法》，组织一批条件具备的县(市、区)先行开展省级验收工作。目前，全省 75 个改革县已全部完成省级验收。

探索实行分类水价。在已有成果基础上，结合灌区实际情况区别对待农业（粮食作物、经济作物、养殖业）、工业、生活、环境等用水类型，在终端用水环节实行分类水价。统筹考虑用水量、生产效益、产业发展政策等，合理确定各类用水价格，用水量大或附加值高的经济作物和养殖业用水价格、工业用水价格应高于其他用水类型。探索建立以城补乡、以工补农的价格机制。

逐步推行分档水价。严格实行总量控制和定额管理制度，逐步推行超定额累进加价制度，合理确定阶梯和加价幅度。探索推行基本水价和计量水价相结合的两部制水价，实行丰枯季节水价，合理使用“以电折水”“以时折水”管理制度。

完善水费征收机制。用水实行计量收费，骨干工程全部实现斗口计量供水，末级渠系根据管理需要细化计量单元。建立农业水费合理分摊机制，农业水费可以向用水户计收，也可以实行财政转移支付。规范财政转移支付，支付规模按区域农业用水量与运行维护水价水平确定。

7.5 标准化管理

为全面提升灌区标准化规范化管理水平，保障灌区工程安全运行和持续发挥效益，服务乡村振兴战略和经济社会高质量发展，根据水利部《大中型灌区标准化规范化管理指导意见（试行）》《水利工程管理考核办法》等要求，结合灌区工程建设与管理实际，坚持政府主导、部门协作，落实责任、强化监管，全面规划、稳步推进，统一标准、分级实施的原则有序推进灌区标准化规范化管理。县级水行政主管部门负责灌区标准化规范化管理的组织领导，指导、监督灌区标准化规范化建设与管理工作。编制灌区标准化规范化管理办法，充分反映灌区现代化管理的要求，把灌区标准化规范化管理的好做法、好经验固化下来。

7.5.1 组织管理

县级水行政主管部门负责指导、督促灌区加强组织管理工作，不断深化灌区管理体制改革。管理体制顺畅，管理权限明确；实行管养分离，内部事企分开；建立竞争机制，实行竞聘上岗；建立合理、有效的激励机制。新组建的灌区管理所应根据灌区职能及批复的灌区管理体制改革方案，落实管理机构和人员编制，根据每万亩灌面专管人数 2 人的目标，合理设置岗位和配置人员，不超过部颁标准。

灌区管理单位应注重以下几点:(1) 建立健全灌区管理制度,落实岗位责任主体和管理人员工作职责,做到责任落实到位,制度执行有力,骨干工程由县级水行政主管部门直属水管单位管理,小型水利工程由乡镇负总责。(2) 加强人才队伍建设,扩大管理队伍,优化灌区人员结构,创新人才激励机制,配备技术负责人,技术工人经培训上岗,关键岗位持证上岗,制订职业技能培训计划并积极组织实施,职工年培训率达到80%以上,确保灌区管理人员素质满足岗位管理需求。(3) 高度重视党建工作、党风廉政建设、精神文明创建和水文化建设,加强相关法律法规、工程保护和安全的宣传教育,确保职工文体活动丰富。

7.5.2 安全管理

建立安全生产管理体系,落实安全生产责任制,建立健全工程安全巡检、隐患排查和登记建档制度,落实水旱灾害防御责任制,明确岗位职责,建立事故报告和应急响应机制等。

建立健全安全生产管理体系。加强灌区安全管理,保障工程安全正常运行,落实安全生产管理机构、人员和制度,特种作业人员持证上岗,注重安全生产标准化建设,确保无重大安全责任事故。对重要工程设施、重要保护地段,应设置禁止事项告示牌和安全警示标志等,依法依规对工程管理和保护范围内的活动进行管理和巡查。对于骨干工程,根据实际需要设置水法、规章、制度等标语、标牌,埋设位置醒目,宣传内容清晰。在河道、渠道岸边醒目位置间隔设置“坡滑水深,禁止靠近”类警示牌。落实水旱灾害防御责任制,成立水旱灾害防御指挥领导小组,形成一把手负总责、其他班子成员分片包干负责、一线防汛抗旱职工具体负责的“三级”联动机制,并制定责任明晰的岗位责任制。每年灌溉供水前后及汛期前后,灌区管理所进行渠道及水工建筑物安全隐患排查,并建立安全隐患文字、图片台账。对于灌区泵站变压器和供电线路、土质高边坡易塌方渠堤、砂壤土易发管涌渠堤、坡滑水深易发溺水区等重大危险源辨识管控到位;对隐患排查结果进行分析评估,对于单位依靠自身能力能够解决的立即整改,对于整改难度大、需要资金多的安全隐患制定初步解决方案,并及时上报县级水行政主管部门,由县级水行政主管部门列入维修养护项目进行整改。

落实水旱灾害防御责任制,明确岗位职责。制定水旱灾害防御、重要险工险段事故应急预案,应急器材储备和人员配备满足应急抢险等需求,按要求开展事故应急救援、水旱灾害防御培训和演练，确保工程险情发现及时、抢险方案可行、险情处置及时、措施得当。定期对工程设施、设备进行检查、检修和校验或率定，确保工程安全设施和装置齐备、完好。重大危险源应辨识管控到位，劳动保护用品配备应满足安全生产要求。特种设备、计量装置要按国家有关规定管理和检定。

7.5.3 工程管理

建立健全工程日常管理、工程巡查、观测及维修养护制度，尽快出台完善“管养分离”等方面的办法和制度，推动灌区建立良好的管理运行机制。建立健全灌区档案管理规章制度，按照水利部《水利工程建设项目档案管理规定》，建立完整的技术档案，灌区技术图表齐全，工程分布图、骨干渠道纵横断面图、建筑物平立剖面图、启闭机控制图、主要技术指标表以及主要设备规格、检修情况表等齐全，逐步实现档案管理数字化。骨干渠道完好率和各类建筑物完好率达到90%以上；工程巡护、检查有制度，检查记录图表清晰、齐全；按规定开展工程观测，观测设施完好率达95%以上。

积极推进灌区管理现代化建设，依据灌区管理需求，制定管理现代化发展相关规划和实施计划，积极引进、推广使用管理新技术，开展信息化基础设施、业务应用系统和信息化保障环境建设，改善管理手段，增加管理科技含量，做到灌区管理系统运行可靠、设备管理完好，利用率高，不断提升灌区管理信息化水平。

7.5.4 供用水管理

编制年度引(用)水计划，实行总量控制和定额管理，灌区引(用)水计划执行无人为失误，引(用)水计划用户无不合理反应，有动态用水计划管理措施，用水计划管理执行面积率达到100%。按要求每年编制灌区水量调度的方案或计划，水量调度制度完善，调度指令畅通，水量调度及时、准确，水量调度记录完整；量水信息记录规范，资料齐全，量水设备和仪器精度均保持在规范和标准允许范围；每年制定农田灌溉节水技术推广计划，有节水灌溉技术培训，亩均用水量要呈年度递减，灌溉水利用系数每年递增，到2025年达到0.59。

建立健全节水管理制度，积极推广应用节水技术和工艺，制订农田灌溉节水技术推广计划和组织节水宣传活动，积极推进农业水价综合改革，建立健全节水激励机制,提高灌区用水效率和效益,推进节水型灌区创建工作。结合灌区生产实际,积极开展灌溉试验、用水管理、工程管理等相关科学研究,推进科研成果转化。

7.5.5 经济管理

健全财务管理制度,保障管理人员待遇。确保灌区维修养护、运行管理经费下达中各个环节均无截留,维修养护经费由县级财政局管理,维修养护项目实行公开招投标,资金按照规定程序拨付;运行管理费由县级水行政主管部门扎口管理,资金使用实行报账制,确保两项费用使用规范,确保公益性人员基本支出和工程公益性部分维修养护费及时足额到位。按有关规定收取水费和其他费用,收取率达到100%。

7.6 科研推广

7.6.1 开展灌溉试验

灌溉试验是水利措施与农业措施相结合的综合性试验研究工作,是农田水利工程建设与管理、水资源规划与管理及农业用水管理的重要基础性工作。加强灌溉试验研究是新时期灌区现代化建设的基础性工作,是实行最严格水资源管理和保障粮食安全的迫切需要,刻不容缓。

随着农业种植结构的调整,一些新作物、新品种不断出现,其需水规律和灌溉制度,灌溉施肥模式,减少农业面源污染途径等都需要通过灌溉试验来解决,目前大多缺乏及时、系统和连续的试验研究,难以为生产管理、工程管理和行业管理提供准确可靠的基础资料。灌溉试验研究工作主要包括农业基础数据监测、常规灌溉试验研究、墒情监测与灌溉预报、农村水利技术研究和农村水环境保护技术研究。

(1) 农业基础数据监测

农业种植结构、农业单产水平、作物灌溉用水定额、灌溉水利用系数(渠系水利用系数、田间水利用系数)、田间水分生产效率、灌溉投入产出效率、农业面源污染状况、灌溉、排水水质等,全面反映当前农业节水发展状况,为评定区域节水农业发展效果及效益等指标提供重要依据。

(2) 常规灌溉试验研究

水田作物需水规律与灌溉制度对比试验研究：对当地主要种植水田作物以及稻虾、稻蟹等综合种养模式进行需水规律和不同灌溉制度对比试验研究，试验研究不同气象条件、不同灌溉制度下作物需水、耗水规律、灌溉定额、作物系数等指标。旱作物需水规律与灌溉制度对比试验研究：对当地主要种植旱作物（蔬菜瓜果、果树、花卉、苗木等）进行作物需水规律和不同灌溉制度对比试验研究，试验研究不同气象条件、不同灌溉制度下各地主要旱作物（蔬菜瓜果、果树、花卉、苗木等）需水、耗水规律、灌溉定额、作物系数等指标。水产养殖耗水试验研究：选取主要水产养殖鱼、虾、蟹、鳖、鳗、珍珠等类别，进行养殖需水规律和耗水规律对比试验研究，试验研究不同气象条件、不同养殖方式下各地主要水产养殖需水、耗水规律、灌溉用水定额等指标。作物涝渍试验研究：根据不同降雨规律、地形、土壤类型、水文特征等情况，开展不同作物（水稻与当地主要旱作物）不同受涝受渍程度试验研究，总结出作物受涝、受渍灾害规律以及土壤的演变规律。

(3) 墒情监测与灌溉预报

综合利用基础数据监测点，实时监测、发布各地主要农作物的墒情状况；根据作物受旱试验研究成果，结合当地的天气预报，对未来的灌溉需求进行预测预报，指导灌区的农田灌溉用水管理。

(4) 农村水利技术研究

高效节水灌溉技术研究：节水条件下的灌区水资源高效利用及优化配置技术、灌区非常规水资源化开发与灌溉利用技术、水稻灌溉制度研究、作物水分信息采集与精量控制灌溉技术以及高效节水灌溉新技术及新材料与新工艺工程应用和推广等技术研究。现代化灌区建设与管理技术研究：现代化灌区管理模式及管理体制与运行机制研究、灌区用水实时调度决策支持系统研究、灌区工程监测管理系统研究、数字灌区建设关键技术研究等技术研究。农业抗旱与管理技术研究：农业旱情成因与特点及发生发展规律研究、作物生育期耗水量和耐旱试验研究、农业旱情实时监测技术研究、农业旱情短期预测技术研究、区域农业旱情与干旱风险评估研究等技术研究。

(5) 农村水环境保护技术研究

灌区生态化建设关键技术研究与示范研究：灌区生态规划方法与生态建设模式研究、灌区沟渠生态化建设关键技术研究、灌区生态化建设示范区技术集成等技术研究,污染物源头控制和截留净化、农田退水循环利用、田-沟-塘(湿地)系统和生态节水型灌区技术的推广应用。农村水环境保护与治理关键技术研究与应用研究:主要包括农村水环境现状调查研究、农村水环境保护体制与机制研究、流域面源污染预警预测关键技术研究、防治农业面源污染的湿地植物种植管理技术研究与应用、沟塘湿地氮素迁移转化规律及其调控技术研究、生态沟塘实用新型护坡形式及控水设施研究与应用等技术研究。

7.6.2 加强科技推广

依托科研院所、高校、灌溉试验站,在高效节水、农田生态、环境治理、水生态环境修复等方面探索集成优化技术组合,推动灌区可持续发展科技创新。一方面依托水利科研、推广项目和人才培训,加强现代化发展科技人才队伍建设,利用水利高等教育、职业教育等培训渠道,培养灌区高效用水、农村环境监测、生态修复等方面的技能型人才,优化灌区人才结构、提高现代化发展专业水平;另一方面尝试引进技能型人才,满足灌区现代化建设完成后维修管理的需求,从而为灌区现代化发展提供坚实的人才保障。

建立健全科技推广网络,利用乡镇水管组织、农民用水户协会、村组管水组织,组建科技推广体系,传播灌区现代化发展知识与技术,大力普及和大面积示范、推广农业节水新措施与模式,如节水耐旱品种、高效节水灌溉制度、节水灌溉综合技术、节水减排技术、新材料与新工艺工程应用和推广等,进一步推广装配化建筑物(小型闸站、量水槽堰等)在田间工程中的应用,提高科技贡献率。

7.6.3 信息化建设

推进智慧灌区建设,实现信息化管理。根据水利发展现状,在科研院所和高校组建优秀团队提供全面技术咨询服务支持下,开发建设智慧灌区运行管理信息平台,主要包括水情、工情、墒情、水质、工程安全监测,以及智慧水管理系统所需的信息监测感知体系;取、供、用水、防洪、抗旱、应急、事故调度以及自动、智能应用体系;基于水利业务提供规划、执行、管理、应急层面的智能决策;面向服务的统一应用支撑平台,主要对防汛抗旱、水资源管理、水利工程建设管理、水利工程运行管理等灌区核心业务以及数字化行政管理等进行整合,形成统一的用户管理、数据共享机制,实现"一张图"管理。灌区信息控制中心是灌区现代化管理的服务中心,将灌区信息服务平台、灌区立体感知监测中心和灌区智慧灌溉控制中心集于一体，数据接入智慧水利管理中心（县级水利局）和“江苏省智慧大型灌区平台软件”系统，方便管理人员集中管理和调度，提升改革成效。

8

投资估算

8.1 编制依据

投资估算编制主要依据国家及省(市、区)颁布的法律、法规、制度、规程;水利水电工程设计工程量计算规定;已建相近工程设计图纸或典型设计图纸等进行编制。

投资估算主要依据:

(1)《水利工程设计概(估)算编制规定》(水总〔2014〕429 号);

(2)《水利工程营业税改征增值税计价依据调整办法》(办水总〔2016〕132 号);

(3)《水利部办公厅关于调整水利工程计价依据增值税计算标准的通知》(办财务函〔2019〕448 号);

(4)《建设工程监理与相关服务收费管理规定》(发改价格〔2007〕670 号);

(5)《水利、水电、电力建设项目前期工作勘察收费暂行规定》(发改价格〔2006〕1352 号);

(6)《建设项目前期工作咨询收费暂行规定》(计价格〔1999〕1283 号);

(7)《工程勘察设计收费管理规定》(计价格〔2002〕10 号)。

(8)《水利建筑工程概算定额》(水总〔2002〕116 号);

(9)《水利水电设备安装工程概算定额》(水建管〔1999〕523 号);

(10)《水利工程施工机械台时费定额》(水总〔2002〕116 号);

(11)《水利工程概预算补充定额》(水总〔2005〕389 号)。

缺项部分参照江苏省相关定额。

8.2 投资估算

《规划》总投资:2 127 609 万元,亩均投资 1 382 元/亩。其中渠首工程 96 313 万元,渠道 854 796 万元,排水沟 265 149 万元,配套建筑物 583 549 万元,管理设施 124 876 万元,信息化 93 535 万元,其他(环保工程、水土保持、水生态修复等)投资 109 390 万元,详见表 8-1,投资结构如图 8-1 所示。

表 8-1　江苏省大型灌区规划投资汇总表　　单位:万元

序号	灌区名称	渠首	渠道	排水沟	建筑物	管理设施	信息化	其他	合计	亩均(元/亩)
2021—2035 年		96 313	854 796	265 149	583 549	124 877	93 535	109 390	2 127 609	1 350
2021—2025 年		38 770.2	223 147.6	63 803.9	86 444.7	10 265.9	9 879.4	9 779.7	442 092	850
1	淳东灌区	12 708.6	11 313.8	0.0	2 776.8	3 591.9	517.2	40.0	30 947.8	998
2	凌城灌区	6 590.8	17 601.0	608.1	27 258.8	0.0	750.1	716.4	53 525.2	1 068
3	渠北灌区	889.0	17 967.0	5 465.0	5 228.0	1 787.0	753.0	2 578.0	34 668.0	996
4	淮涟灌区	3 252.0	41 844.0	17 235.0	2 427.0	3 897.0	580.0	1 308.0	70 542.9	923
5	阜宁渠南灌区	9 102.5	34 668.7	13 761.4	14 099.1	0.0	3 341.9	0.0	74 973.7	967
6	堤东灌区	2 506.1	40 938.4	12 953.8	13 881.1	0.0	1 804.5	4 467.0	76 550.9	494
7	高邮灌区	2 684.0	39 430.0	0.0	7 026.0	990.0	1 500.0	0.0	51 630.0	993
8	来龙灌区	1 037.2	19 384.7	13 780.6	13 747.9	0.0	632.7	670.3	49 253.5	1 135
2026—2035 年		57 543.1	631 648.1	201 345.2	497 104.5	114 610.7	83 655.2	99 610.4	1 685 517	1 596
9	新沂沂北灌区	632.6	37 915.9	21 724.2	6 579.4	0.0	2 214.7	4 933.2	74 000.0	2 000
10	刘集灌区	0.0	15 727.8	0.0	45 559.0	1 982.8	1 381.0	949.4	65 600.0	2 000
11	运西灌区	1 342.6	13 067.1	0.0	60 256.0	5 648.2	1 782.5	12 103.6	94 200.0	2 000
12	如海灌区	0.0	37 128.4	4 334.8	3 818.6	3 085.9	4 317.5	4 854.7	57 540.0	1 500
13	石梁河灌区	0.0	17 655.7	5 746.3	20 947.2	5 022.6	5 400.6	6 097.7	60 870.0	1 500
14	小塔山水库灌区	0.0	14 145.6	2 489.7	15 649.5	2 484.9	4 294.6	6 385.8	45 450.0	1 500
15	沭南灌区	0.0	16 480.0	7 467.4	13 523.8	8 613.9	7 198.6	18 716.4	72 000.0	1 500
16	沭新渠灌区	0.0	8 727.0	9 308.3	15 891.5	10 874.1	7 154.0	19 745.1	71 700.0	1 500
17	淮安渠南灌区	0.0	51 281.6	11 757.9	17 039.6	15 115.9	655.9	149.1	96 000.0	1 500
18	竹络坝灌区	0.0	23 947.3	17 423.5	3 583.0	2 117.2	929.0	0.0	48 000.0	1 500
19	涟东灌区	766.1	33 362.0	14 491.5	6 324.0	3 996.7	843.5	216.1	60 000.0	1 500
20	涟西灌区	0.0	40 866.7	5 738.4	5 180.4	2 748.4	966.1	0.0	55 500.0	1 500
21	洪金灌区	103.1	18 388.4	5 619.6	25 812.5	2 371.6	859.3	515.6	53 670.0	1 500
22	周桥灌区	3 747.3	27 368.6	7 197.6	7 832.1	703.1	1 054.6	96.7	48 000.0	1 500
23	清水坝灌区	902.2	42 238.6	3 527.5	10 412.7	1 792.1	827.0	0.0	59 700.0	1 500
24	三层灌区	4 199.0	6 574.4	6 738.8	34 791.6	3 599.1	3 599.1	48.0	59 550.0	1 500
25	五岸灌区	4 005.5	38 790.3	2 240.4	3 520.3	3 660.3	728.2	455.1	53 400.0	1 500
26	江界河灌区	6 077.0	12 410.0	2 930.0	46 280.0	260.0	1 000.0	1 000.0	69 957.0	1 605
27	沿运灌区	7 000.0	18 000.0	0.0	9 510.0	3 000.0	4 000.0	4 000.0	45 510.0	1 500
28	城黄灌区	0.0	38 127.0	0.0	585.0	2 000.0	4 000.0	3 288.0	48 000.0	1 500
29	船行灌区	1 317.1	22 826.7	8 691.0	11 821.7	759.9	2 431.6	152.0	48 000.0	1 500

续表

序号	灌区名称	渠首	渠道	排水沟	建筑物	管理设施	信息化	其他	合计	亩均（元/亩）
30	沭阳沂北灌区	10 109.9	7 582.4	5 054.9	30 329.7	12 637.4	2 022.0	1 263.7	69 000.0	1 500
31	柴塘灌区	0.0	25 000.0	0.0	16 600.0	6 000.0	2 800.0	1 500.0	51 900.0	1 500
32	运南灌区	1 391.7	12 750.6	34 938.4	14 582.9	3 630.6	7 910.4	2 420.4	77 625.0	1 500
33	众程灌区	635.0	20 658.0	954.0	17 075.0	255.0	7 628.0	0.0	47 205.0	1 500
34	濉汴河灌区	15 314.0	30 628.0	22 971.0	53 599.0	12 251.0	7 657.0	10 719.8	153 140.0	2 000

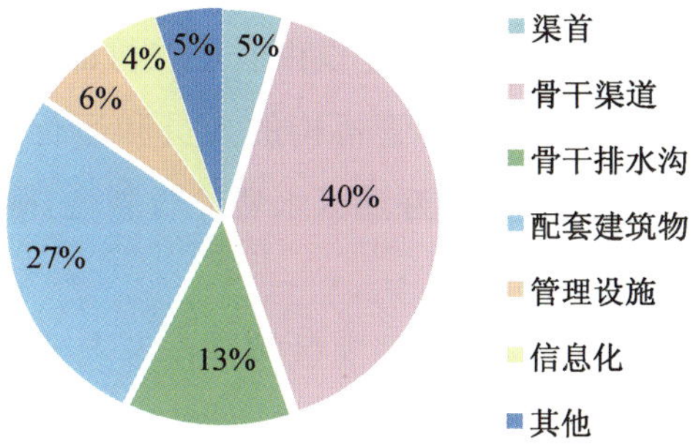

图 8-1　规划投资结构图

根据上述内容，“十四五”期间仅实施 8 处大型灌区，其余 26 处大型灌区可通过实施生态河道建设、高标准农田建设等项目，改善灌区骨干工程、田间工程基础设施水平，改善灌区农业生产基本条件、水资源状况和生态环境，促进农业增产，农民增收，保障粮食生产安全，改善农村生产生活条件，推动经济持续稳定健康发展。具体投资情况可参照《江苏省“十四五”生态河道建设规划》《江苏省“十四五”高标准农田建设规划》。

8.3　资金筹措

根据《省财政厅 省发展改革委 省水利厅关于印发江苏省水利基本建设项目投资省以上财政补助政策》的通知（苏财农〔2016〕152 号）文件精神，省级财政对我省一至六类地区。大型灌区改造属于公益性和准公益性的基础设施建设，社会效益显著，经济效益是间接的。考虑该类工程投资较大，且事权为省和市县共同承担，对一、二类地区省以上补助 80％，对三、四类地区省以上补助 70％，对五、六类地区省以上补助60%。因此,以政府投入为主导,建立多元化、多层次、多渠道的投融资机制,通过政策带动,社会联动,鼓励社会投资和吸引民间资本,共同参与项目建设和管理。加大财政对灌区建设投入力度,一方面,积极争取中央和各级政府的财政投入,另一方面,也要争取不同行业的专项资金,如农业综合开发项目、国土整治项目等的投入。要采取具体有效的措施,发挥行业优势,资金捆绑使用,避免重复投资,提高资金使用效率。

(1) 建设资金坚持中央和地方共同事权的原则,积极争取中央财政投资补助,切实落实地方财政投入的责任,共同筹措工程建设资金。灌区骨干工程建设由各级水行政主管部门组织实施,田间工程建设由农业农村部门组织实施。

(2) 积极落实管理改革中灌区专管机构的人员和运行经费,多渠道落实农业用水精准补贴和节水奖励资金,落实好灌区水费征收制度,确保工程良性运行和工程效益的发挥。

(3) 鼓励和引导社会资本参与大型灌区续建配套与现代化改造工程建设、运营管理。探索通过水权交易、灌区改造新增耕地指标交易等方式,筹集灌区节水配套改造与提档升级建设资金。

8.4 分期实施

对拟建设的项目,进行必要性与可行性分析,根据国家和区域经济发展水平与投入能力,分轻重缓急,提出大型灌区续建配套与现代化改造分期实施方案,并明确各分项工程投资及投资计划。其中,2021—2025年实施8处、设计灌溉面积520.22万亩、规划投资442 092万元,亩均投资850元/亩。2026—2035年实施26处、设计灌溉面积1 056.13万亩、规划投资1 685 517万元,亩均投资1 596元/亩。详见表8-2。

在实施主体工程的同时综合考虑实施配套工程,有关联的工程安排同期建设,使工程尽快发挥效益。同时坚持加快工程建设与提高管理水平相结合,灌排工程、智慧水管理、水生态保护相结合,实现建设一片,受益一片。

表 8-2 江苏省大型灌区规划分期实施计划表

序号	项目名称	建设内容	投资(万元)
2021—2025 年		8 处、520.22 万亩	442 092
1	水源工程	渠首改建 19 座、改造 17 座	38 770
2	骨干渠道	骨干渠道 1 116 km	223 148
3	配套建筑物	新建 172 座,改造 635 座	86 445
4	骨干排水沟	骨干排水沟 718 km	63 804
5	信息化	智能应用体系和信息服务平台,配套软硬件设施等	9879
6	管理设施	管理用房、管理道路等	10 266
7	其他	安全设施,环保、水保工程等	9 870
2026—2035 年		26 处、1 056.13 万亩	1 685 517
1	水源工程	渠首改建 22 座、改造 19 座	57 543
2	骨干渠道	骨干渠道 4 119 km	631 648
3	配套建筑物	新建 1 390 座,改造 3 855 座	497 105
4	骨干排水沟	骨干排水沟 2 342 km	201 345
5	信息化	智能应用体系和信息服务平台,配套软硬件设施等	83 655
6	管理设施	管理用房、管理道路等	114 611
7	其他	安全设施,环保、水保工程等	99 610
2021—2035 年			2 127 609

9

实施评价

9.1 环境评价

9.1.1 评价依据及环境保护目标

1）评价依据

(1)《中华人民共和国环境影响评价法》；

(2)《建设项目环境保护管理条例》(2017 年修订)；

(3)《规划环境影响评价技术导则　总纲》(HJ 130—2014)；

(4)《水利水电工程环境影响评价规范(试行)》(SDJ 302—88)；

(5)《灌溉与排水工程设计规范》(GB 50288—2018)。

2）环境保护目标

通过采取预防或者减轻不良环境影响的对策措施，努力消除或降低不利影响至最低限度，充分发挥全省大型灌区建设项目对环境的有利影响，促进灌区工程与周围环境相互融合、相互协调；确保灌区建设有利于地区水土资源可持续利用、经济可持续发展、生态环境良性循环。

9.1.2 环境影响分析与评价

1）对环境的有利影响

(1）规划实施以后，瘠土壤增加肥力，改变土壤团粒结构，从而灌区使得增产，经济效益得以提高，为农业可持续发展奠定基础。同时，随着农业生产条件的改善，作物复种指数将会大幅度提高，经济作物种植面积将逐年增加，作物品种将由旱作低产向喜水高产品种转变，从而使灌区农村经济得到快速发展。

(2）规划实施以后，灌区平均灌溉水利用系数提高到 0.62 以上，将大大节约水资源，缓解区域工农业用水矛盾，促进水资源可持续利用。同时，在很大程度上也减少灌区化肥、农药的面源对水体的污染，农村生态环境将得到有效改善。

(3）规划实施以后，对灌区气候将产生有利影响。在灌区对田间小气候影响效应历时之内，春、夏、秋三季灌溉可使白天气温降低，夜间气温升高，空气相对湿度增大，地温降低，蒸发量减少；冬季可使地温增加，空气相对湿度增加，蒸发量增加，这些效应将增加农作物抗旱保墒能力，防止或减弱农业灾害性气象发生。另外，整个灌区经过统一规划，结合水土保持治理，使灌区内林草覆盖率得以大大提高，改变生态环境、形成局部小气候，使得灌区内生态环境逐渐趋于平衡，并促进灌区社会经济持续、健康、快速增长。同时，也给鸟类及昆虫的生存繁衍创造优良环境。

(4) 排水沟道整治将大大改善灌区河道引排调蓄功能，减少因洪水泛滥、排水不畅造成的危害，从总体上减少因洪涝灾害而引发的环境问题；同时，沟道整治恢复了水体的自然风貌，水流通畅，水体自净能力提高，水陆气候相互调节能力增强，为区域经济的持续高速发展提供良好的生态环境、社会环境和投资环境。

(5) 对于利用地下水灌溉的灌区，通过有计划地开采地下水，可增加地下水垂直径流排泄的循环次数，增加土壤、空气湿度，植被增多，有效改善农田小气候，有利于发展农业生产。

2) 对环境的不利影响

(1) 对水环境的影响

工程建设期间，由于材料运输、混凝土拌合、施工现场的雨水径流等产生的施工废水和施工人员产生的污水，由于难以统一管理，对施工工地附近水域将造成一定程度的影响，水体中悬浮物和有机污染物增加。

在施工期间应将排放的大量施工生产污水和施工人员生活污水通过一级或二级处理，处理达标后排放，以减少对水环境的污染影响。另外，由于施工期时间不长，施工场地分散，因此影响是暂时的，在工程竣工后，不利影响将逐步消失。

(2) 施工开挖与弃土对环境的影响

在规划工程项目施工过程中，由于建筑物基坑开挖、输水管道铺设而产生弃土、弃渣等，若不采取措施任意堆放将引起水土流失，影响周围居民正常生活。施工中应对弃土周边采取保护措施，在施工过程中及时清理垃圾及剩余建筑材料，恢复原有环境、尽量减少对周边环境的影响。

施工期间，骨干沟渠清淤整治产生的大量淤泥如不及时清理，极易对环境造成二次污染，散发的气味影响空气质量，逢到降雨时，淤土再次流失进入附近河道或污染路面，淤土风干后也易在风力作用下产生风沙。

(3) 施工噪音、废气对环境的影响

施工噪音主要来自施工机械以及施工辅助生产企业，废气主要来自施工现场燃油施工机械和机动车辆的尾气、水泥和泥石料的运输卸及混凝土中产生的粉尘。

噪音、废气和粉尘可能会对周围的大气质量、声环境质量、人群身体健康和日常生活带来一些不利影响。由于大量施工、运输车辆的进出，对交通将产生一定的压力。

3）环境影响评价结论

从上述灌区改造工程建设的有利影响和不利影响分析结果来看，灌溉工程体系的健全发展和良性运行，可以改善灌区人民的生产条件、生活质量和生态环境。只要工程建设单位将各项环保设施落实到位，严格执行国家有关环境质量标准，加强施工期间的防护，不利影响是暂时的、可以缓减或者避免的，工程建设从环保角度看是完全可靠的，不存在制约工程兴建的环境问题，完全可以做到环境效益和经济效益相得益彰。因此，从环境角度分析，规划对生态环境的影响利大于弊，规划实施是可行的。

9.1.3　环境保护对策

针对灌区建设项目对环境产生的不利影响，在工程建设过程中，应提高环保意识，加强环境保护，提出以下预防或减轻不良环境影响的对策与措施。

（1）合理规划、布置，减少工程占地；加强水土流失治理，对施工期间临时占地，在工程结束后进行植被恢复。

（2）坚持土地的用养结合，增加有机肥施用量，少施化肥；对质地比较黏重的土壤，通过采用生物改土措施进行培肥，改善土壤理化性质，提高土壤肥力。

（3）农业生产中合理使用化肥和农药。选择高效、低毒、低残留、半衰期短的农药品种，减少农田弃水对水环境的污染。工业废水统一收集，设置沉淀池处理后，用于施工区降尘洒水。修建防渗厕所，将生活污水排入其中。

（4）施工期尽量采用罐车运输物料，不能罐装的用篷布遮挡，防止物料洒落。施工区的扬尘、粉尘可通过洒水降尘减免；途经村屯附近的扬尘量可通过减缓车辆行驶速度降低。尽量选用低污染物排放的高质量燃油，并通过尾气净化装置减少施工机械及车辆对大气环境的影响。

（5）施工时尽量采用低噪声的设备，并加强机械设备的维护与保养。运输车辆行经居民区时应限速行驶，并禁止鸣笛。运行期将水泵、机电设备布设在封闭性好，隔音效果强的泵房及设备间内，设置值班人员操作间。对于接触高噪声设备的操作人员，提供必要的劳动保护用品，减少噪声对操作人员健康的威胁。

(6) 在工程施工前应对施工区进行清理消毒,为施工人员提供较好的居住条件和生活条件,搞好施工区卫生,有效预防各类传染性、流行性疾病的暴发流行,加强施工人员的卫生防疫,杜绝肝炎患者、携带者及其他严重传染病患者等进入施工队伍。

(7) 加强环境管理和水资源保护,防止水资源受到污染。保护现有农田防护林,杜绝乱砍滥伐,防止发生水土流失。施工期间应避免伤害鸟类兽类等动物,保护生物多样性,保护区域生态环境。

9.2 水土保持

认真贯彻“预防为主、全面规划、综合防治、因地制宜、加强管理、注重实效”的水土保持方针,合理配置生物与工程、临时性与永久性措施,以形成有效的防治体系,保护和合理利用资源;坚持与主体工程同时设计、同时施工、同时投产使用的“三同时”政策;坚持综合治理与绿化美化相结合,实现生态、经济和社会效益同步协调发展。通过在施工区全面布置水土保持工程措施和生物措施,使原有的水土流失得到基本控制,工程水土流失治理程度达到80%以上,因工程建设损坏的水土保持设施恢复到90%以上。工程建设完成后,对建设过程中损坏的植被进行恢复。

1) 水土流失的危害

水土流失是在水力、风力、重力、冻融等自然外界力或人类活动等作用下,水土资源和土地生产力的破坏和损失,包括土地表层侵蚀和水土损失。其造成的危害主要如下。

(1) 破坏土地资源,土壤颗粒表面的营养物质在径流和土壤侵蚀作用下,随径流泥沙向下游输移,从而造成养分损失,养分流失后土壤日益贫瘠、土壤肥力和土地生产力降低。

(2) 随着水土流失,土壤颗粒输移至下游河道,造成河湖淤积,缩窄过水断面、减小防洪库容,影响防洪安全。

(3) 水土流失和面源污染密切相关,水土流失在输送大量径流与泥沙的同时,也将各类污染物输送到河流、湖泊、水库,造成面源污染,土壤侵蚀与富营养化是自然现象,但不合理的人类活动加速此过程时就会导致水质恶化。

2）水土流失现状

沿江高沙土区的灌区，土质松散，黏结力弱，抗蚀性差，且灌区多为土质沟河，每逢暴雨易产生土壤侵蚀，造成水土流失，容易造成河道及沟道的岸坡坍塌、淤积和淤塞，削弱河道正常的引排、调蓄等功能。灌区工程建设过程中，由于场地的开挖和平整，必然扰动原地表形态，损坏原地表土壤、植被，并形成松散的土石及边坡，降低表层土壤的抗蚀性，易造成新的水土流失。

3）水土保持措施

各灌区方案中充分考虑水土保持措施，在生态修复、生态走廊、工程措施等生态系统建设中营造多样化的水土保持林草措施体系，保护了土地资源，减少了可能产生的水土流失数量，也对水土保持、生态环境保护有利，符合水土保持要求。灌区改造中，需综合考虑水土流失治理任务，治理策略：改良土壤，保护农田，大力推进高标准农田建设，加强农田林网建设和河道、沟渠边坡防护，控制水土流失，保护土壤资源，防治面源污染，维护水质安全。针对水力侵蚀、重力侵蚀，主要是进行河道整治、边坡防护。规划水土流失防治措施体系，结合工程特点、当地自然条件，针对灌区水土流失特征及危害，从实际出发，采用点、线、面相结合，全面治理与重点治理相结合，防治与监督相结合的办法，因地制宜、因害设防。按工程措施、植物措施和临时防护措施进行布设，从保护生态环境，有效防治水土流失的目的出发，合理配置各项防治措施，建立科学完善的水土流失防治体系，达到水土流失综合防治和生态环境保护的目的。

（1）工程措施

表土剥离及回覆。表土是很珍贵的资源，对 30 cm 厚的表土进行剥离，剥离的表土后期回填于林草措施处。

生态护坡。生态护坡在满足边坡稳定、水流冲刷的基础上，最大程度保持水与土的物质、能力交换，具有良好的水土保持、环境保护效益。

（2）植物措施

本规划生态体系建设中，大量的植物设计，可稳固堤岸，防止水流的冲刷和侵蚀，减少面蚀及溅蚀，保持水土。

（3）临时措施

临时苫盖。临时苫盖可以有效地降低施工过程中土壤的流失，降低扬尘对周边环境的污染，具有很好的水土保持作用。

临时拦挡。对临时堆土四周采用临时拦挡可以有效地降低施工过程中土壤的流失,降低对周边环境的污染。

临时排水沟及沉砂池。临时排水沟、沉砂池可以有效降低施工过程中的土壤流失,具有很好的水土保持作用。

9.3 实施效果

大型灌区续建配套与现代化改造规划的实施,可全面提升灌区基础设施水平,改善灌区农业生产基本条件、水资源状况和生态环境,促进农业增产,农民增收,保障粮食生产安全,改善农村生产生活条件,推动经济持续稳定健康发展,将产生显著的经济效益、环境效益和社会效益。

《规划》实施后,除个别灌区外,到 2025 年,灌区灌溉保证率达到 85%,灌溉水有效利用系数达到 0.59,排涝标准达到 10 年一遇,骨干工程配套率、完好率达到 90%,"两费"落实率 100%,水费收缴率 100%,信息化覆盖率 80%,新增及恢复灌溉面积 64.02 万亩,年新增节水能力 4.42 亿 m^3,年增粮食生产能力 7.3 亿 kg;到 2035 年,灌溉保证率达到 90%,灌溉水有效利用系数达到 0.62,排涝标准达到 10 年一遇、有条件的灌区达到 20 年一遇,骨干工程配套率、完好率达到 95%,"两费"落实率 100%,水费收缴率 100%,信息化覆盖率 90%,累计新增及恢复灌溉面积 120.72 万亩,年新增节水能力 8.28 亿 m^3,年增粮食生产能力 10.4 亿 kg,将有效提高灌溉保证率和灌溉用水效率,增强灌区农业综合生产能力,改善了灌区生态环境,具有显著的社会、经济和生态效益。

9.3.1 经济效益

增产增收。由于水资源的短缺,许多耕地仍然"靠天收"或高成本用水,生产条件差,产量低而不稳,丰产而不增收,严重影响农民种田积极性。通过工程建设,特别是节水灌溉的发展,可以较大幅度地提高灌溉水利用系数,从而节约灌溉用水量,也相应提高农田灌溉保证率,增强农作物抗御水旱灾害的能力,保证农作物的高产稳产,提高作物水分生产率;先进灌水技术的使用,可大大地促进农业结构调整,为高效农业发展奠定基础,能够适时、适量地满足作物对水的需求,灌溉均匀度高,既能提高作物产量,又能保证产品品质,增加农民收入。

节地效益。田间节水灌溉工程的兴建，可以较大幅度地减少渠道占地率，提高耕地利用率，从而产生较大的节地效益。据相关研究测定和分析，渠道衬砌防渗与土渠相比节省土地 1%～2%，低压管道、喷微灌工程与渠道衬砌相比，可节省耕地 2%～3%。

节水效益。农业用水的节省主要表现在能源的节约，从而产生节能效益。由于灌溉水利用系数的提高，农田的用水量大为减少。灌区灌溉水利用系数从现状 0.57 提高到 0.62，每年将节省大量的抽水能耗，产生可观的节水效益。

省工效益。渠道防渗工程、低压管道灌溉工程和喷微灌工程等先进节水工程技术的运用，每年可以节省大量土渠的整治用工。与土渠相比，一般平均可节省用工 50%～60%。

减污效益。灌区灌排体系的完善，特别是农业节水工程与技术的运用，可实现农田水、肥、药的高效利用，减少田间水、肥、药向河道的排放和流失，同样也减少了肥料和农药向地下水的入渗和迁移，有效地保护周边水环境；同时，农业灌溉用水量的大量减少，使河道环境用水量增加，增加河水的纳污能力和自净能力，有利于水环境质量的提高。另外，农业节水灌溉可以减少地下水的抽取量，对防止地下水的超采和恶化起到非常积极的作用。

9.3.2 环境效益

随着规划的实施，将进一步减少抽引江、河、湖水量，增加水体环境容量，提高水体的自净能力；减少地下水的超采和地下水的恶化，不但保护了水环境，而且增加了可利用的洁净水源。同时，项目的实施，可使田、林、路和灌溉系统得到统一规划，田间工程进一步配套完善。另外，发展管道输水灌溉可以避免对农田自然生态的破坏，极大地改善农田生态条件和环境质量。

9.3.3 社会效益

《规划》的实施除了具有巨大的经济效益与生态环境效益以外，还具有较为深远的社会效益。

（1）推进农业结构调整，加快发展农业生产

随着农业结构战略性调整和高效农业、现代农业的发展，对以水为重点的生产条件提出了全新的要求。一方面，农业结构调整对灌溉的高效性和先进性提出了

更高的目标,客观上推动了全省灌区建设的发展;另一方面,先进的灌溉技术可以为农业结构调整提供良好的基础条件,加快农业结构调整的步伐,促进传统农业向现代农业的转变。

(2) 加快农业基础设施的建设,改善农业生产条件,保障粮食安全

随着农业现代化建设的不断深入,对农田水利建设提出了越来越高的要求。规划的实施,可以进一步改善全省农田水利基本建设与经济发展相适应的状况,促进全省农业灌溉再上新台阶,这对加快农业基础设施建设、改善农业生产条件起到巨大的促进作用;同时,可以最大限度地提高农田水分生产率和粮食产出率,稳定和促进农业生产,解决江苏省人口多、耕地少的矛盾,保障粮食安全。

(3) 推动经济社会全面发展,保障人民生活用水安全

随着经济社会的飞速发展,工业、旅游、交通、生态及人民生活用水的总量急剧增长。《规划》的实施,降低了农业用水定额,农业灌溉用水量比例逐步下降,可以缓解农业与工业、城市及乡村争水矛盾,增加交通、旅游和环境生态用水量。水资源的短缺对江苏省经济发展的严重制约可以得以缓解。同时,规划的实施,将有效地提高农业生产水平,对推动全省社会经济的全面发展与可持续发展具有十分重要的意义。

(4) 完善管理体制,实现灌区管理现代化

在建设灌溉工程的同时,加强农业用水管水体制改革。建立完善的管理体制与人事分配体制,确立水管理部门的权限与义务,更好地为农业供水服务;与此同时,全面实行总量控制、定额管理,加强用水计量,改革现行的水价政策,形成自我积累、自我发展的良性循环机制。以完善的体制与法规,实现以法治水,转变人们过去的用水观念与管理理念,加快江苏灌区现代化步伐。

10

保障措施

针对江苏省大型灌区续建配套与现代化改造规划涉及面广、工程投资大的实际情况，全省各级政府、部门要高度重视，并把大型灌区建设摆在农村水利建设的突出位置，从政策、资金、技术等各方面予以扶持，加强规划衔接，强化宣传引导，凝聚全社会力量，形成全民共识、齐抓共管、合力推进的格局，确保规划顺利推进。

10.1 加强组织领导

成立专门的领导小组，负责规划的编制与实施，定期部署、督促和检查以推动各地工作进程。充分发挥政府在方案编制、资金筹集、体制机制创新等方面的主导作用，加强组织协调和监督检查，建立绩效考核和激励奖惩机制。各级政府、部门要把大型灌区规划的编制与实施作为重点工作来抓，建立健全政府领导牵头负责，水利、财政、农业、自然资源、住建等部门协同配合、各负其责的工作机制，制定规划、落实措施、抓出成效。要把全面推进大型灌区现代化改造作为保障粮食安全、推进生态文明建设、农业可持续发展和为人民群众“办好事、办实事、办成事”的重要举措，主要负责人要亲自过问，分管负责人全力抓，把灌区建设管理各项任务分解到岗位、环节和步骤，层层传导压力，推动各项工作落实落细。组织社会公众参与，民主决策，宣传和引导社会公众参与规划实施的全过程。

10.2 严格项目管理

为了保障规划的顺利实施，需保持政策的稳定性和连续性，充分发挥“集中投入、整合资金、竞争立项、连片推进”等建设管理模式的优势，以渠系工程配套改造、信息化建设、沟渠生态建设、水稻节水灌溉技术推广为重点，结合高标准农田水利建设、农村河塘整治和水系连通、渠系配套改造、高效节水灌溉等，实施大型灌区续建配套与现代化改造。实行项目申报制，坚持竞争立项，公正、公开和公平遴选项目，激发受益区政府和农民积极性、增强技术、资金保障能力。各级人民政府要采取有效措施，建立健全各项规章制度，加强计划管理和项目实施全程管理，确保资金到位和工程质量。同时，地方发改、财政、国土、税务等部门应出台相应的优惠政策法规，以保障规划的顺利实施。

规划需参照基本建设程序，推行招投标制、项目法人制、工程建设监理制和合同管理制，进一步加强对灌区工程建设市场的监管，建立健全具有法人地位的项目建设责任主体，逐步建立水利市场准入制度、市场主体信用体系、工程质量安全监督体系，完善合同管理制、竣工验收制，推行质量体系认证与设计招标制度，保证项目按质、按工期、按投资完成；并对已完成的工程量进行验收、签证、整理竣工资料；项目完成后，与项目相关的文件、技术档案、资金使用报告、图片(含影像资料)及验收文件应及时归档，由专人负责整理保管。

10.3 完善投入机制

强化灌区的基础性和公益性，以及在实施乡村振兴战略中的重要地位，突出政府主导地位，切实把大型灌区建设纳入公共财政投入优先保障领域，进一步加大财政投入，用好用足金融支持政策，多方筹集资金。省市县各级政府要全面落实政府可用财力、水利建设资金等各项用于灌区建设的投入政策，逐步增加各级政府预算内用于灌区建设资金，建立长期稳定的政府投入机制。同时要加大对灌区工程运行管理的财政支持，足额落实灌区管理人员经费和工程维修养护经费，保障工程的正常有效运行。

强化财政投入的撬动作用，建立政府和市场有机结合的投入机制，引入社会资本开展项目建设，调动农民、农村集体经济组织、农民用水合作组织、新型农业经营主体等加大灌区建设与管理的投入，可采取“以奖代补、先建后补”等方式对其按照规划和标准开展工程建设与管护给予财政补助。按照谁投资、谁建设、谁所有、谁受益的原则，转变观念，将单纯依靠水利部门办水利转变为全社会办水利；将单纯依靠财政拨款办水利转变为拨款、贷款、群众自筹资金办水利；改变无偿投入为有偿投入，加快水利投资结构和投资机制改革，做到受益者合理负担与政府扶持相结合，以进一步完善多层次、多元化、多渠道的灌区投入机制。

10.4 强化人才保障

优化人才结构。各地需加快灌区人才队伍建设，优化水利党政人才、专业技术人才、技能人才、管理人才队伍结构，进一步改善基层水利人才队伍专业结构，建立基层人才激励机制，鼓励专业人才到基层灌区管理单位锻炼服务，着力解决当前灌区管理单位人才严重紧缺问题。

强化队伍管理。落实定岗、定人、定责措施，灌区管理体制上需打破目前现有的松散型管理体系，积极推行“灌区管理所＋用水者协会＋专业化服务组织”的新型紧密型管理体系，逐步形成政府扶持、用水户参与、专业队伍管护的管理体制，逐步形成政策引导、社会化服务支持、用水户自主管理的运行机制。

加强教育培训。建立技术人才培训机制，围绕灌区建设管理目标，制定职工教育培训规划，不断调整、优化和加强职工教育培训的内容，建立职工学习考核制度、学习教育鼓励制度、职称评聘制度、技术创新奖励制度等，健全鼓励职工学习钻研的激励机制。建立健全以财政投入为主，单位、个人和社会相结合的多元化人才发展培训投入机制，加大对水利人才发展的培养投入，提高人才效率，打造并保护灌区建设管理技能中坚。

10.5 提升科技水平

各级政府要把农田水利关键技术研发、技术创新和技术推广列入当地科技发展计划，加大灌区关键技术研究和推广力度，推动科技创新与成果转化，解决建设和管理的重大问题，逐步提高规划设计、建设管理、建后运行的科技水平。建立健全以基层水利、农技服务组织为主体，科研、高校、企业、管理单位广泛参与，政府扶持和市场引导相结合的科技服务推广平台，研究、开发、推广农田水利工程最新成果(包括新结构、新材料、新工艺、新技术及新型量水设施等，特别是装配式建筑物、生态渠道和高效节水灌溉等方面的发明、实用新型成果)，并为灌区建设管理提供科技咨询、项目评估和技术服务，开拓水利科技成果转化与应用市场，推动现有科技成果转化为生产力。

加强灌溉试验及其成果应用，结合项目建设、工程管理和改革创新，抓好政策法规、技术标准、关键技术、现代科技等培训工作，切实提升灌区建设管理支撑能力。大力发展灌区信息化技术，研究开发灌区信息化管理平台，构建包括水源工程、骨干灌排沟渠与配套工程、田间工程、管理体制等子模块组成的灌区数据信息库，全面推行规划、设计、建设、投资、管理、运行、监测等信息化管理，实现数据上报审核、项目申报审批、数据查询浏览、数据统计分析、电子地图查询等方面的信息化、数字化管理，不断提高灌区建设管理信息化和现代化水平。

10.6 建立监督体系

为保证各项方案保障措施切实执行,为保证灌区各下属机构相关责任人将《规划》规定的各项工作落到实处,需建立严格、完善的监管机制,监管各责任部门工作成效,并根据不同区域存在的主要问题,实行差异化绩效评价考核机制。由县级直接责任人组织对灌区现代化改造工作落实情况进行逐级考核,考核结果作为地方党政领导干部综合考核评价的重要依据。同时,灌区现代化改造是为公共服务的,公众理应成为灌区续建工程的重要监督力量。敢于接受人民群众和社会媒体的监督,要坚持监督的及时性、公正性,做到社会新闻反映灌区现代化改造的民意热点,经常倾听群众呼声,体察群众情绪。

10.7 凝聚社会力量

切实落实公众参与原则,推进公众参与的法制化和制度化,让公众通过法定的程序和渠道有效地参与方案实施的决策和监督。当地政府积极向群众宣传介绍江苏省大型灌区续建配套与现代化改造各项工程实施以后,对于提升灌区农业生产水平、改善居民生活环境、提高居住幸福感、发展乡村旅游业等均具有正面影响。持久开展水利法治宣传教育,提高全社会的水忧患和亲水、护水意识,凝聚社会共识,激发发展热情,提高全社会对灌区发展规划及实施重要性的认识,增强规划意识,提高维护和执行规划的自觉性,共同推进《规划》的实施。加强水利人才、队伍和能力建设,构建完善的基层水利专业化服务体系。积极引导全社会参与方案实施和水利建设管理,形成治水兴水合力。

10.8 做好跟踪评价

在项目实施过程中,建立跟踪评价制度,由江苏省水利厅组织实施《大型灌区续建配套与现代化改造实施方案》的跟踪评价,按照不同专业制定跟踪评价的工作方案,明确评价工作要求、内容、方法、标准,对项目的实施过程进行考核;制定多目标跟踪的评价指标，包括工程建设标准、完成度、环境影响、现代化改造实现程度等，建立跟踪评价标准体系，对项目实施效果进行评价；建立年度评价制度，结合项目年度实施情况进行评价，针对问题提出相应的改进措施。

附 表

附表1　江苏省大型灌区基本信息统计表

序号	市别	县别	灌区名称	水源类型	耕地面积（万亩）	设计灌溉面积（万亩）	有效灌溉面积（万亩）	实际灌溉面积（万亩）	灌区总人口（万人）	种植结构(%)		年度引水总量(万 m^3)			
										粮食作物	经济作物	总量	农业	工业	其他
全省合计					1691.46	1576.35	1428.30	1315.34	1338.96	75	25	772908	629724	65958	77226
1	南京	高淳区	淳东灌区	提水	36.50	31.00	28.80	28.80	17.73	40	60	25352	24154	297	901
2	徐州	睢宁县	凌城灌区	提水	59.20	50.10	36.70	36.70	49.20	92	8	16200	14100	600	1500
3		新沂市	新沂沂北灌区	自流	47.07	37.00	37.00	30.00	43.60	75	25	18514	18514	0	0
4		邳州市	刘集灌区	提水	34.48	32.80	32.40	20.32	26.30	65	35	12787	11587	0	1200
5		邳州市	运西灌区	提水	49.30	47.10	42.00	37.35	39.26	36	64	23659	17333	1376	4950
6	南通	如皋市	如海灌区	自流	44.80	38.36	36.85	23.88	45.30	69	31	20336	20336	0	0
7	连云港	赣榆区	石梁河灌区	自流	45.35	40.58	38.00	35.00	52.69	72	28	12500	12000	0	500
8		赣榆区	小塔山水库灌区	自流	31.53	30.30	30.30	29.75	41.60	80	20	9450	7150	0	2300
9		东海县	沭南灌区	自流	55.20	48.00	45.90	45.90	40.80	84	16	27000	18900	5600	2500
10		东海县	沭新渠灌区	提引	47.80	47.80	46.35	46.35	21.53	87	13	22200	15600	4600	2000
11	淮安	淮安区	淮安渠南灌区	自流	66.45	64.00	58.49	53.91	49.55	92	8	25051	23164	800	1087
12		淮安区	渠北灌区	提引	34.80	34.80	32.28	30.93	48.80	92	8	14962	14030	388	544
13		淮阴/涟水	淮涟灌区	自流	79.93	76.40	68.36	53.90	77.16	75	25	23648	23648	0	0
14		淮阴区	竹络坝灌区	提水	32.25	32.00	26.00	18.90	21.61	72	28	11021	9731	120	1170
15		涟水县	涟东灌区	自流	50.59	40.00	39.82	32.50	31.50	79	21	16584	16232	284	68
16		涟水县	涟西灌区	自流	40.18	37.00	31.08	27.75	30.90	81	19	26449	23289	1600	1560
17		洪泽/金湖	洪金灌区	自流	42.00	35.78	32.60	32.60	17.92	93	7	22908	17277	0	5632

续表

序号	市别	县别	灌区名称	水源类型	耕地面积(万亩)	设计灌溉面积(万亩)	有效灌溉面积(万亩)	实际灌溉面积(万亩)	灌区总人口(万人)	种植结构(%)		年度引水总量(万 m^3)			
										粮食作物	经济作物	总量	农业	工业	其他
18	淮安	洪泽区	周桥灌区	自流	36.50	32.00	31.95	31.95	28.92	96	4	32227	22766	1892	7569
19		盱眙县	清水坝灌区	提水	40.00	39.80	36.84	34.61	18.00	84	16	1998	1998	0	0
20	盐城	滨海县	三层灌区	自流	39.70	39.70	33.70	26.70	28.04	63	37	23000	20400	2000	600
21		阜宁县	阜宁渠南灌区	提引	83.70	77.50	74.60	74.60	57.50	75	25	56500	50200	6000	300
22		射阳县	五岸灌区	自流	35.60	35.60	35.60	33.30	12.30	63	37	11500	11353	147	0
23		东台市	堤东灌区	提水	155.00	155.00	122.41	122.41	74.69	60	40	65862	30983	15954	18925
24		大丰区	江界河灌区	提水	43.58	43.58	38.93	38.93	17.31	70	30	15771	12761	2000	1010
25	扬州	高邮市	高邮灌区	自流	52.02	52.02	50.46	50.37	47.08	88	12	43450	29016	1934	12500
26		江都区	沿运灌区	自流	30.53	30.34	23.47	23.47	39.80	95	5	17609	17609	0	0
27	泰州	泰兴市	城黄灌区	自流	35.80	32.00	30.60	24.20	40.00	82	18	26405	13049	11324	2032
28	宿迁	宿城区	船行灌区	提水	32.00	32.00	31.40	16.85	30.45	70	30	16850	15000	250	1600
29		宿豫区	来龙灌区	提水	47.39	43.40	39.30	39.30	49.72	80	20	33868	26159	6502	1208
30		沭阳县	沭阳沂北灌区	自流	46.00	46.00	35.49	35.49	34.90	81	19	14000	13760	240	0
31		沭阳县	柴塘灌区	自流	43.00	34.60	33.40	33.40	39.31	89	11	12600	12350	250	0
32		泗阳/宿城	运南灌区	提水	55.51	51.75	46.12	44.12	62.68	71	29	26347	22776	0	3571
33		泗阳县	众程灌区	自流	37.10	31.47	30.50	30.50	34.81	73	27	17100	17100	0	0
34		泗洪县	濉汴河灌区	自流	80.60	76.57	70.60	70.60	68.00	88	12	29200	25400	1800	2000

附表 2　江苏省大型灌区工程现状统计表

序号	灌区名称	年取水许可量（万 m^3）	灌溉水利用系数	渠首（座）			干渠（km）				支渠（km）				干支排水沟（km）			配套建筑物（座）		
				总数	完好数量	完好率（%）	总长		完好		总长		完好		总长	完好		总数	完好	
								其中衬砌	长度	完好率（%）		其中衬砌	长度	完好率（%）		长度	完好率（%）		数量	完好率（%）
	全省合计	650471	0.57	101	87	86%	3833	1262	2880	75%	8778	3464	6434	73%	14426	11993	83%	48711	37015	76%
1	淳东灌区	14000	0.59	3	1	33%	46	30	0	0%	169	67	143	85%	242	212	88%	3198	1918	60%
2	凌城灌区	15200	0.52	1	0	0%	155	0	98	64%	312	0	165	53%	540	430	80%	810	527	65%
3	新沂沂北灌区	12000	0.56	3	2	67%	95	16	23	24%	233	78	82	35%	277	222	80%	800	600	75%
4	刘集灌区	22000	0.58	1	1	100%	124	0	34	27%	167	0	63	38%	290	110	38%	398	300	75%
5	运西灌区	20000	0.58	9	6	67%	97	4	37	38%	262	0	126	48%	228	96	42%	577	444	77%
6	如海灌区	21500	0.56	1	1	100%	389	0	389	100%	434	282	260	60%	823	649	79%	592	520	88%
7	石梁河灌区	17000	0.56	3	3	100%	151	128	128	85%	350	245	280	80%	470	376	80%	705	565	80%
8	小塔山水库灌区	10200	0.57	1	1	100%	134	99	114	85%	388	264	310	80%	522	424	81%	2346	1173	50%
9	沭南灌区	28400	0.56	1	1	100%	203	75	195	96%	918	370	685	75%	1727	1240	72%	4395	3077	70%
10	沭新渠灌区	22400	0.56	1	1	100%	170	65	160	94%	290	116	275	95%	379	325	86%	540	485	90%
11	淮安渠南灌区	28000	0.56	10	10	100%	133	89	133	100%	368	127	368	100%	1088	1088	100%	2202	1542	70%
12	渠北灌区	15053	0.57	5	4	80%	114	25	25	22%	57	33	33	58%	213	175	82%	415	333	80%
13	淮涟灌区	21586	0.56	1	1	100%	137	66	137	100%	193	175	193	100%	310	248	80%	3922	3334	85%
14	竹络坝灌区	10144	0.58	1	1	100%	55	38	44	80%	413	268	330	80%	121	100	83%	600	478	80%
15	涟东灌区	14500	0.56	1	1	100%	117	81	117	100%	69	25	45	66%	218	178	82%	1364	1213	89%
16	涟西灌区	17963	0.57	1	1	100%	52	32	52	100%	110	90	107	97%	152	129	85%	1022	910	89%

续表

序号	灌区名称	年取水许可量(万 m^3)	灌溉水利用系数	渠首(座)			干渠(km)				支渠(km)				干支排水沟(km)			配套建筑物(座)		
				总数	完好数量	完好率(%)	总长		完好		总长		完好		总长	完好		总数	完好	
								其中衬砌	长度	完好率(%)		其中衬砌	长度	完好率(%)		长度	完好率(%)		数量	完好率(%)
17	洪金灌区	15512	0.56	1	1	100%	146	73	146	100%	156	72	137	88%	527	475	90%	1332	667	50%
18	周桥灌区	16025	0.60	1	1	100%	67	60	67	99%	21	18	21	100%	89	80	90%	848	848	100%
19	清水坝灌区	10868	0.57	1	1	100%	129	77	129	100%	230	127	158	69%	135	126	93%	9764	8270	85%
20	三层灌区	23000	0.58	7	7	100%	135	0	135	100%	222	18	222	100%	534	405	76%	1357	1084	80%
21	阜宁渠南灌区	42000	0.59	11	7	64%	41	0	29	70%	232	31	163	70%	247	173	70%	295	206	70%
22	五岸灌区	11500	0.54	5	5	100%	40	1	40	100%	108	14	108	100%	14	79	564%	20	20	100%
23	堤东灌区	32000	0.58	3	3	100%	140	30	104	74%	289	12	214	74%	1828	1943	106%	130	97	75%
24	江界河灌区	13000	0.624	1	0	0%	50	0	48	95%	440	201	401	91%	206	176	85%	1501	1391	93%
25	高邮灌区	36000	0.60	8	8	100%	115	58	110	95%	421	126	419	99%	679	611	90%	725	508	70%
26	沿运灌区	14400	0.57	1	1	100%	15	15	15	100%	86	43	84	97%	153	153	100%	34	34	100%
27	城黄灌区	15000	0.60	1	1	100%	360	10	10	3%	650	43	43	7%	430	215	50%	56	56	100%
28	船行灌区	16851	0.60	2	2	100%	30	24	30	100%	132	93	120	91%	260	169	65%	38	34	89%
29	来龙灌区	27200	0.58	4	3	75%	59	39	28	48%	277	216	216	78%	228	182	80%	521	345	66%
30	沭阳沂北灌区	14000	0.56	1	1	100%	33	0	27	80%	173	0	138	80%	224	180	80%	2352	1800	77%
31	柴塘灌区	18200	0.55	1	1	100%	70	16	70	100%	182	92	137	75%	252	189	75%	3014	2260	75%
32	运南灌区	22781	0.55	3	3	100%	82	63	82	100%	137	98	137	100%	422	368	87%	836	758.5	91%
33	众程灌区	17105	0.56	5	5	100%	53	49	53	100%	150	120	150	100%	360	293	81%	576	518	90%
34	潍汴河灌区	15083	0.54	2	2	100%	97	0	73	75%	140	0	102	73%	237	175	74%	1426	699	49%

附表 3　江苏省大型灌区管理情况现状表

序号	市别	县别	灌区名称	管理单位名称	管理单位性质			管理人员(人)		管理人员经费（万元）		工程维修养护经费(万元)		农民用水协会(个)	
					纯公益	准公益	经营	核定	落实	核定	落实	核定	落实	数量	管理面积
全省合计					9	16	9	1424	1231	14361	13966	9861	24769	855	1447.12
1	南京	高淳区	淳东灌区	淳东灌区管理所	√			10	10	270	270	220	465	4	28.80
2	徐州	睢宁县	凌城灌区	凌城灌区管理处	√			95	95	958	958	360	750	22	36.70
3		新沂市	新沂沂北灌区	沂北灌区管理处		√		37	30	300	300	450	555	13	30.00
4		邳州市	刘集灌区	刘集灌区管理处		√		11	11	122	122	50	492	5	25.87
5		邳州市	运西灌区	运西灌区管理处		√		11	11	122	122	50	707	6	37.35
6	南通	如皋市	如海灌区	如海灌区管理处	√			32	32	663	663	1700	1700	6	32.20
7	连云港	赣榆区	石梁河灌区	石梁河灌区管理处		√		30	27	357	320	600	609	7	38.00
8		赣榆区	小塔山水库灌区	小塔山灌区管理处		√		60	54	104	104	450	455	6	32.20
9		东海县	沭南灌区	沭南灌区管理处			√	33	33	473	420	390	720	24	48.00
10		东海县	沭新渠灌区	沭新渠灌区管理处			√	16	16	150	125	430	717	5	46.35
11	淮安	淮安区	淮安渠南灌区	渠南灌区管理处		√		68	47	863	863	95	960	8	58.49
12		淮安区	渠北灌区	渠北灌区管理处		√		33	33	322	322	35	522	4	34.80
13		淮阴/涟水	淮涟灌区	淮涟灌区管理处		√		50	50	688	688	96	1146	14	55.94
14		淮阴区	竹络坝灌区	竹络坝灌区管理处			√	30	25	341	287	512	480	4	32.00
15		涟水县	涟东灌区	涟东灌区管理处	√			18	18	192	168	79	600	22	47.06
16		涟水县	涟西灌区	涟西灌区管理处		√		30	24	490	450	80	555	22	37.76

续表

序号	市别	县别	灌区名称	管理单位名称	管理单位性质			管理人员(人)		管理人员经费(万元)		工程维修养护经费(万元)		农民用水协会(个)	
					纯公益	准公益	经营	核定	落实	核定	落实	核定	落实	数量	管理面积
17	淮安	洪泽/金湖	洪金灌区	洪金灌区管理处		√		16	16	305	305	100	537	6	32.60
18	淮安	洪泽区	周桥灌区	周桥灌区管理处		√		21	13	182	182	100	480	6	31.95
19	淮安	盱眙县	清水坝灌区	清水坝灌区管理处			√	23	23	0	0	41	597	7	36.84
20	盐城	滨海县	三层灌区	三层灌区管理处	√			12	12	150	150	480	596	1	33.70
21	盐城	阜宁县	阜宁渠南灌区	渠南灌区管理处	√			73	48	661	661	25	1163	174	74.60
22	盐城	射阳县	五岸灌区	五岸灌区管理处		√		50	46	730	730	108	534	2	35.60
23	盐城	东台市	堤东灌区	堤东灌区管理处			√	94	94	1176	1176	114	2325	243	122.41
24	盐城	大丰区	江界河灌区	江界河灌区农民用水户协会	√			9	8	127	127	560	654	1	38.93
25	扬州	高邮市	高邮灌区	高邮灌区管理处	√			56	56	745	745	136	780	33	50.46
26	扬州	江都区	沿运灌区	沿运灌区管理处	√			42	21	765	765	95	455	54	30.34
27	泰州	泰兴市	城黄灌区	城黄灌区管理处			√	14	14	280	280	450	480	7	30.60
28	宿迁	宿城区	船行灌区	船行灌区管理处		√		160	149	842	842	300	480	4	31.40
29	宿迁	宿豫区	来龙灌区	来龙灌区管理处		√		95	95	900	900	920	651	41	45.98
30	宿迁	沭阳县	沭阳沂北灌区	沂北灌区管理处			√	50	23	170	159	50	690	15	34.35
31	宿迁	沭阳县	柴塘灌区	柴塘灌区管理处			√	50	21	180	119	45	519	14	36.37
32	宿迁	泗阳/宿城	运南灌区	运南灌区管理处		√		45	33	360	270	280	776	17	48.37
33	宿迁	泗阳县	众程灌区	众程灌区管理处			√	28	21	174	174	50	472	8	30.50
34	宿迁	泗洪县	濉汴河灌区	濉汴河灌区管理所		√		22	22	200	200	410	1149	50	80.60

附表 4　江苏省大型灌区用水管理情况表

序号	市别	县别	灌区名称	是否完成水价改革	全成本水价（元/m³）	运行维护成本水价（元/m³）	批复水价（元/m³）	执行水价（元/m³）	应收水费（万元）	实收水费（万元）		水费实收率（%）
										农业	其他	
全省合计									22012	20820	763	98
1	南京市	高淳区	淳东灌区	是	0.126	0.07	0.1138	0.1138	500	500		100
2	徐州市	睢宁县	凌城灌区	是	0.200	0.100	0.100	0.100	960	960		100
3		新沂市	新沂沂北灌区	是	0.134	0.074	0.074	0.071	242	242		100
4		邳州市	刘集灌区	是	0.113	0.087	0.087	0.087	230	230		100
5		邳州市	运西灌区	是	0.113	0.087	0.087	0.087	356	344		97
6	南通市	如皋市	如海灌区	是	0.100	0.075	0.075	0.075	1672	1588		95
7	连云港市	赣榆区	石梁河灌区	是		0.056	0.056	0.056	400	400		100
8		赣榆区	小塔山水库灌区	是		0.056	0.056	0.056	200	199		99
9		东海县	沭南灌区	是	0.038	0.038	0.038	0.038	720	680	40	100
10		东海县	沭新渠灌区	是	0.038	0.038	0.038	0.038	593	440	125	95
11	淮安市	淮安区	淮安渠南灌区	是		0.050	0.050	0.050	615	615		100
12		淮安区	渠北灌区	是		0.080	0.080	0.080	199	199		100
13		淮阴/涟水	淮涟灌区	是	0.100	0.041	0.100	0.080	1392	1392		100
14		淮阴区	竹络坝灌区	是		0.08	0.08	0.08	162	162		100
15		涟水县	涟东灌区	是		0.032	0.032	0.032	271	265		98
16		涟水县	涟西灌区	是		0.032	0.032	0.032	371	243	109	95

续表

序号	市别	县别	灌区名称	是否完成水价改革	全成本水价(元/m³)	运行维护成本水价(元/m³)	批复水价(元/m³)	执行水价(元/m³)	应收水费(万元)	实收水费(万元)		水费实收率(%)
										农业	其他	
17	淮安市	洪泽/金湖	洪金灌区	是	0.012	0.012	0.012	0.012	344	336		97
18		洪泽区	周桥灌区	是	0.049		0.049	0.049	217	206		95
19		盱眙县	清水坝灌区	是	0.234	0.039	0.234	0.200	400	53	347	100
20	盐城市	滨海县	三层灌区	是	0.067	0.067	0.067	0.067	390	375		96
21		阜宁县	阜宁渠南灌区	是	0.080		0.080	0.080	2660	2607		98
22		射阳县	五岸灌区	是	0.110	0.080	0.110	0.090	875	831		95
23		东台市	堤东灌区	是	0.1286	0.078	0.078	0.078	1150	1127	23	100
24		大丰区	江界河灌区	是	0.1341	0.0703	0.0739	0.069	620	602		97
25	扬州市	高邮市	高邮灌区	是		0.070	0.070	0.070	805	686	119	100
26		江都区	沿运灌区	是	0.06	0.05	0.03	0.008	170	162		95
27	泰州市	泰兴市	城黄灌区	是	0.200	0.200	0.200	0.200	1936	1936		100
28	宿迁市	宿城区	船行灌区	是		0.117	0.117	0.096	809	769		95
29		宿豫区	来龙灌区	是	0.118	0.161	0.161	0.161	850	850		100
30		沭阳县	沭阳沂北灌区	是	0.102		0.102	0.102	227	216		95
31		沭阳县	柴塘灌区	是	0.102		0.102	0.102	216	205		95
32		泗阳/宿城	运南灌区	是	0.151	0.061	0.088	0.088	179	170		95
33		泗阳县	众程灌区	是	0.1379	0.059	0.084	0.084	202	192		95
34		泗洪县	濉汴河灌区	是	0.091	0.080	0.080	0.080	1080	1040		96%

附表5 江苏省大型灌区规划建设内容汇总表

序号	市别	县别	灌区名称	渠首工程(座)		骨干渠道(km)				骨干排水沟(km)		配套建筑物(座)		管理设施(处)		信息化(处)	
				改建	改造	新建	改造	其中:管道		新建	改造	新建	改造	新建	改造	新建	改造
								新建	改造								
合计				41	36	490.9	4744.2	18.3	5.5	0	3060.2	1562	4490	0	30	0	34
1	南京	高淳区	淳东灌区	2	0	0.0	76.9	0.0	5.5	0.0	3.0	0	57	0	1	0	1
2	徐州	睢宁县	凌城灌区	1	1	25.4	0.0	0.0	0.0	0.0	23.0	10	52	0	0	0	1
3		新沂市	新沂沂北灌区	0	1	0.0	230.0	0.0	0.0	0.0	264.6	0	253	0	0	0	1
4		邳州市	刘集灌区	0	0	0.0	256.5	0.0	0.0	0.0	0.0	3	133	0	1	0	1
5		邳州市	运西灌区	0	3	10.0	245.9	2.2	0.0	0.0	0.0	80	151	0	1	0	1
6	南通	如皋市	如海灌区	0	0	0.0	456.4	0.0	0.0	0.0	22.2	0	186	0	1	0	1
7	连云港	赣榆区	石梁河灌区	0	0	92.2	138.2	0.0	0.0	0.0	79.8	187	124	0	1	0	1
8		赣榆区	小塔山水库灌区	0	0	62.2	93.4	0.0	0.0	0.0	43.5	140	94	0	1	0	1
9		东海县	沭南灌区	0	0	62.5	21.3	0.0	0.0	0.0	77.8	78	267	0	1	0	1
10		东海县	沭新渠灌区	0	0	66.8	11.3	0.0	0.0	0.0	97.6	31	247	0	1	0	1
11	淮安	淮安区	淮安渠南灌区	0	0	0.0	212.5	0.0	0.0	0.0	277.1	41	161	0	1	0	1
12		淮安区	渠北灌区	1	0	0.0	112.6	0.0	0.0	0.0	141.2	10	82	0	1	0	1
13		淮阴/涟水	淮涟灌区	1	4	0.0	108.2	0.0	0.0	0.0	303.0	7	46	0	1	0	1
14		淮阴区	竹络坝灌区	0	0	0.0	42.8	0.0	0.0	0.0	185.3	0	28	0	1	0	1
15		涟水县	涟东灌区	0	3	0.0	68.3	0.0	0.0	0.0	183.3	1	45	0	1	0	1
16		涟水县	涟西灌区	0	0	0.0	65.1	0.0	0.0	0.0	67.2	0	53	0	1	0	1

续表

序号	市别	县别	灌区名称	渠首工程(座)		骨干渠道(km)				骨干排水沟(km)		配套建筑物(座)		管理设施(处)		信息化(处)	
				改建	改造	新建	改造	其中:管道		新建	改造	新建	改造	新建	改造	新建	改造
								新建	改造								
17	淮安	洪泽/金湖	洪金灌区	0	1	0.0	65.0	0.0	0.0	0.0	109.0	0	201	0	1	0	1
18		洪泽区	周桥灌区	0	1	0.0	62.9	0.0	0.0	0.0	79.7	25	124	0	1	0	1
19		盱眙县	清水坝灌区	2	0	0.0	163.6	0.0	0.0	0.0	44.9	56	287	0	1	0	1
20	盐城	滨海县	三层灌区	7	0	0.0	109.6	0.0	0.0	0.0	112.3	269	0	0	1	0	1
21		阜宁县	阜宁渠南灌区	8	7	0.5	392.4	0.0	0.0	0.0	131.8	109	73	0	1	0	1
22		射阳县	五岸灌区	0	2	79.2	146.0	0.0	0.0	0.0	28.4	4	16	0	1	0	1
23		东台市	堤东灌区	2	0	25.7	160.3	0.0	0.0	0.0	28.9	11	18	0	0	0	1
24		大丰区	江界河灌区	1	0	46.1	156.0	16.1	0.0	0.0	146.5	296	491	0	1	0	1
25	扬州	高邮市	高邮灌区	4	2	0.0	139.7	0.0	0.0	0.0	25.0	3	82	0	1	0	1
26		江都区	沿运灌区	4	1	0.0	270.0	0.0	0.0	0.0	0.0	50	0	0	1	0	1
27	泰州	泰兴市	城黄灌区	0	0	0.4	275.7	0.0	0.0	0.0	0.0	0	18	0	1	0	1
28	宿迁	宿城区	船行灌区	0	2	0.0	48.3	0.0	0.0	0.0	48.5	9	107	0	1	0	1
29		宿豫区	来龙灌区	0	3	0.0	74.4	0.0	0.0	0.0	62.5	22	225	0	0	0	1
30		沭阳县	沭阳沂北灌区	2	1	0.0	173.0	0.0	0.0	0.0	187.0	0	129	0	1	0	1
31		沭阳县	柴塘灌区	0	0	0.0	1.0	0.0	0.0	0.0	0.0	0	13	0	1	0	1
32		泗阳/宿城	运南灌区	4	2	0.0	55.0	0.0	0.0	0.0	25.0	0	0	0	1	0	1
33		泗阳县	众程灌区	0	2	0.0	75.0	0.0	0.0	0.0	25.0	0	0	0	1	0	1
34		泗洪县	濉汴河灌区	2	0	20.0	237.0	0.0	0.0	0.0	237.0	120	727	0	1	0	1

附表 6 江苏省大型灌区规划投资汇总表

序号	市别	县别	灌区名称	设计灌溉面积(万亩)	估算投资(万元)								亩均(元/亩)
					渠首工程	骨干渠道	骨干排水沟	配套建筑物	管理设施	信息化	其他	合计	
全省合计				1576.35	96313	854796	265149	583549	124876	93535	109390	2127609	1350
1	南京	高淳区	淳东灌区	31.00	12708.6	11313.8	0.0	2776.8	3591.9	517.2	40.0	30947.8	998
2	徐州	睢宁县	凌城灌区	50.10	6590.8	17601.0	608.1	27258.8	0.0	750.1	716.4	53525.2	1068
3		新沂市	新沂沂北灌区	37.00	632.6	37915.9	21724.2	6579.4	0.0	2214.7	4933.2	74000.0	2000
4		邳州市	刘集灌区	32.80	0.0	15727.8	0.0	45559.0	1982.8	1381.0	949.4	65600.0	2000
5		邳州市	运西灌区	47.10	1342.6	13067.1	0.0	60256.0	5648.2	1782.5	12103.6	94200.0	2000
6	南通	如皋市	如海灌区	38.36	0.0	37128.4	4334.8	3818.6	3085.9	4317.5	4854.7	57540.0	1500
7	连云港	赣榆区	石梁河灌区	40.58	0.0	17655.7	5746.3	20947.2	5022.6	5400.6	6097.7	60870.0	1500
8		赣榆区	小塔山水库灌区	30.30	0.0	14145.6	2489.7	15649.5	2484.9	4294.6	6385.8	45450.0	1500
9		东海县	沭南灌区	48.00	0.0	16480.0	7467.4	13523.8	8613.9	7198.6	18716.4	72000.0	1500
10		东海县	沭新渠灌区	47.80	0.0	8727.0	9308.3	15891.5	10874.1	7154.0	19745.1	71700.0	1500
11	淮安	淮安区	淮安渠南灌区	64.00	0.0	51281.6	11757.9	17039.6	15115.9	655.9	149.1	96000.0	1500
12		淮安区	渠北灌区	34.80	889.0	17967.0	5465.0	5228.0	1787.0	753.0	2578.0	34668.0	996
13		淮阴/涟水	淮涟灌区	76.40	3252.0	41844.0	17235.0	2427.0	3897.0	580.0	1308.0	70542.9	923
14		淮阴区	竹络坝灌区	32.00	0.0	23947.3	17423.5	3583.0	2117.2	929.0	0.0	48000.0	1500
15		涟水县	涟东灌区	40.00	766.1	33362.0	14491.5	6324.0	3996.7	843.5	216.1	60000.0	1500
16		涟水县	涟西灌区	37.00	0.0	40866.7	5738.4	5180.4	2748.4	966.1	0.0	55500.0	1500

续表

序号	市别	县别	灌区名称	设计灌溉面积(万亩)	估算投资(万元)								亩均(元/亩)
					渠首工程	骨干渠道	骨干排水沟	配套建筑物	管理设施	信息化	其他	合计	
17	淮安	洪泽/金湖	洪金灌区	35.78	103.1	18388.4	5619.6	25812.5	2371.6	859.3	515.6	53670.0	1500
18		洪泽区	周桥灌区	32.00	3747.3	27368.6	7197.6	7832.1	703.1	1054.6	96.7	48000.0	1500
19		盱眙县	清水坝灌区	39.80	902.2	42238.6	3527.5	10412.7	1792.1	827.0	0.0	59700.0	1500
20	盐城	滨海县	三层灌区	39.70	4199.0	6574.4	6738.8	34791.6	3599.1	3599.1	48.0	59550.0	1500
21		阜宁县	阜宁渠南灌区	77.50	9102.5	34668.7	13761.4	14099.1	0.0	3341.9	0.0	74973.7	967
22		射阳县	五岸灌区	35.60	4005.5	38790.3	2240.4	3520.3	3660.3	728.2	455.1	53400.0	1500
23		东台市	堤东灌区	155.00	2506.1	40938.4	12953.8	13881.1	0.0	1804.5	4467.0	76550.9	494
23		大丰区	江界河灌区	43.58	6077.0	12410.0	2930.0	46280.0	260.0	1000.0	1000.0	69957.0	1605
24	扬州	高邮市	高邮灌区	52.02	2684.0	39430.0	0.0	7026.0	990.0	1500.0	0.0	51630.0	993
25		江都区	沿运灌区	30.34	7000.0	18000.0	0.0	9510.0	3000.0	4000.0	4000.0	45510.0	1500
26	泰州	泰兴市	城黄灌区	32.00	0.0	38127.0	0.0	585.0	2000.0	4000.0	3288.0	48000.0	1500
27	宿迁	宿城区	船行灌区	32.00	1317.1	22826.7	8691.0	11821.7	759.9	2431.6	152.0	48000.0	1500
28		宿豫区	来龙灌区	43.40	1037.2	19384.7	13780.6	13747.9	0.0	632.7	670.3	49253.5	1135
29		沭阳县	沭阳沂北灌区	46.00	10109.9	7582.4	5054.9	30329.7	12637.4	2022.0	1263.7	69000.0	1500
30		沭阳县	柴塘灌区	34.60	0.0	25000.0	0.0	16600.0	6000.0	2800.0	1500.0	51900.0	1500
31		泗阳/宿城	运南灌区	51.75	1391.7	12750.6	34938.4	14582.9	3630.6	7910.4	2420.4	77625.0	1500
32		泗阳县	众程灌区	31.47	635.0	20658.0	954.0	17075.0	255.0	7628.0	0.0	47205.0	1500
32		泗洪县	濉汴河灌区	76.57	15314.0	30628.0	22971.0	53599.0	12251.0	7657.0	10719.8	153140.0	2000

附表7　江苏省大型灌区规划实施效益表

序号	市别	县别	灌区名称	实施效益(2025)						实施效益(2035)				
				灌溉保证率(%)	灌溉水利用系数	排涝标准	新增恢复灌溉面积（万亩）	年增节水量（万 m^3）	年增粮食生产能力（亿 kg）	灌溉保证率（%）	灌溉水利用系数	新增恢复灌溉面积（万亩）	年增节水量（万 m^3）	年增粮食生产能力（亿 kg）
全省合计				85%	0.60		64.02	44227	7.3	90%	0.62	120.72	82752	10.4
1	南京	高淳区	淳东灌区	85%	0.62	20年一遇	2.20	1401	0.2	90%	0.64	2.20	2000	0.3
2	徐州	睢宁县	凌城灌区	85%	0.57	10年一遇	7.00	1200	0.2	90%	0.60	7.00	2000	0.3
3		新沂市	新沂沂北灌区	85%	0.59	10年一遇	0.00	1000	0.1	90%	0.62	0.00	2500	0.2
4		邳州市	刘集灌区	85%	0.59	10年一遇	2.00	837	0.1	90%	0.62	6.93	1600	0.2
5		邳州市	运西灌区	85%	0.59	10年一遇	4.00	1519	0.1	90%	0.62	9.75	2289	0.3
6	南通	如皋市	如海灌区	90%	0.59	10年一遇	0.50	1000	0.2	90%	0.62	1.51	2500	0.3
7	连云港	赣榆区	石梁河灌区	85%	0.59	10年一遇	1.00	1000	0.4	90%	0.62	2.58	2660	0.4
8		赣榆区	小塔山水库灌区	85%	0.59	10年一遇	0.00	800	0.3	90%	0.62	0.00	2000	0.3
9		东海县	沭南灌区	85%	0.59	10年一遇	1.00	1200	0.3	90%	0.62	2.10	2500	0.3
10		东海县	沭新渠灌区	85%	0.59	10年一遇	0.80	1200	0.4	90%	0.62	1.45	2500	0.4
11	淮安	淮安区	淮安渠南灌区	85%	0.59	10年一遇	2.00	1334	0.2	90%	0.62	5.51	3000	0.3
12		淮安区	渠北灌区	85%	0.60	10年一遇	2.52	870	0.1	90%	0.63	2.52	1500	0.2
13		淮阴/涟水	淮涟灌区	85%	0.60	10年一遇	8.04	5265	0.5	90%	0.63	8.04	7000	0.6
14		淮阴区	竹络坝灌区	85%	0.59	10年一遇	2.00	800	0.1	90%	0.62	6.00	2000	0.2
15		涟水县	涟东灌区	85%	0.59	10年一遇	0.00	1200	0.1	90%	0.62	0.18	3000	0.3
16		涟水县	涟西灌区	85%	0.59	10年一遇	2.00	1200	0.1	90%	0.62	5.92	2800	0.2
17		洪泽/金湖	洪金灌区	85%	0.59	20年一遇	1.58	1617	0.1	90%	0.62	3.18	2800	0.2

续表

序号	市别	县别	灌区名称	实施效益(2025)						实施效益(2035)				
				灌溉保证率(%)	灌溉水利用系数	排涝标准	新增恢复灌溉面积(万亩)	年增节水量(万 m^3)	年增粮食生产能力(亿 kg)	灌溉保证率(%)	灌溉水利用系数	新增恢复灌溉面积(万亩)	年增节水量(万 m^3)	年增粮食生产能力(亿 kg)
18	淮安	洪泽区	周桥灌区	90%	0.61	10 年一遇	0.05	800	0.1	95%	0.63	0.05	2000	0.2
19		盱眙县	清水坝灌区	85%	0.59	10 年一遇	1.00	1000	0.1	90%	0.62	2.96	2500	0.2
20	盐城	滨海县	三层灌区	85%	0.59	20 年一遇	2.00	1500	0.2	90%	0.62	6.00	3000	0.4
21		阜宁县	阜宁渠南灌区	85%	0.60	10 年一遇	1.40	2436	0.6	90%	0.62	2.90	2436	0.7
22		射阳县	五岸灌区	85%	0.57	10 年一遇	0.00	700	0.2	90%	0.61	0.00	2000	0.2
23		东台市	堤东灌区	85%	0.60	10 年一遇	0.00	1337	0.9	90%	0.62	0.00	4000	0.9
24		大丰区	江界河灌区	75%	0.64	10 年一遇	0.30	300	0.06	80%	0.65	0.60	500	0.1
25	扬州	高邮市	高邮灌区	90%	0.62	10 年一遇	1.56	2367	0.5	95%	0.64	1.56	2367	0.5
26		江都区	沿运灌区	85%	0.59	10 年一遇	2.00	800	0.1	90%	0.62	6.87	2000	0.1
27	泰州	泰兴市	城黄灌区	85%	0.61	20 年一遇	0.50	800	0.2	90%	0.64	1.40	1819	0.2
28	宿迁	宿城区	船行灌区	85%	0.61	10 年一遇	0.30	650	0.1	90%	0.64	0.60	1800	0.2
29		宿豫区	来龙灌区	85%	0.61	10 年一遇	4.60	3181	0.2	90%	0.63	4.60	3181	0.4
30		沭阳县	沭阳沂北灌区	85%	0.58	10 年一遇	4.00	1200	0.1	90%	0.62	10.51	2500	0.3
31		沭阳县	柴塘灌区	85%	0.58	10 年一遇	0.50	1000	0.1	90%	0.62	1.20	2200	0.2
32		泗阳/宿城	运南灌区	85%	0.58	10 年一遇	2.70	1413	0.3	90%	0.62	5.63	3000	0.3
33		泗阳县	众程灌区	85%	0.58	10 年一遇	0.50	800	0.2	90%	0.62	0.97	1800	0.2
34		泗洪县	濉汴河灌区	85%	0.58	10 年一遇	5.97	500	0.2	90%	0.62	10.00	1000	0.5

后记

本书共有11个章节，具体编写分工为：全书的体例结构及统稿工作由叶健负责；前言、综合说明、第1章由沈建强负责编写；第2章由刘敏昊、孙浩负责编写；第3章由刘敏昊、孙浩负责编写；第4章由孙浩、季飞负责编写；第5章由刘敏昊、孙浩负责编写；第6章由孙浩、王志寰负责编写；第7章由刘敏昊、蒋伟负责编写；第8章由孙浩、季飞负责编写；第9章由孙浩、高见负责编写；第10章由蒲永伟、季飞负责编写；附表由刘敏昊、张健、陈于、彭亚敏负责校核；插图由高丽萍、刘敏昊、孙浩、季飞负责完成。相关市县水利部门及设计单位参与了编写工作。